アンドロメダ銀河のうずまき

銀河の形にみる宇宙の進化

谷口 義明 著

丸善出版

口絵 1（図 C1.2）　散光星雲の例，オリオン星雲． 太陽系からの距離は 1500 光年．（NASA, ESA, M. Robberto（Space Telescope Science Institute/ESA） and the Hubble Space Telescope Orion Treasury Project Team）

口絵 2（図 C1.3）　プレアデス星団の星の周りに見える反射星雲，M45． 太陽系からの距離は 410 光年．（東京大学 木曽観測所）

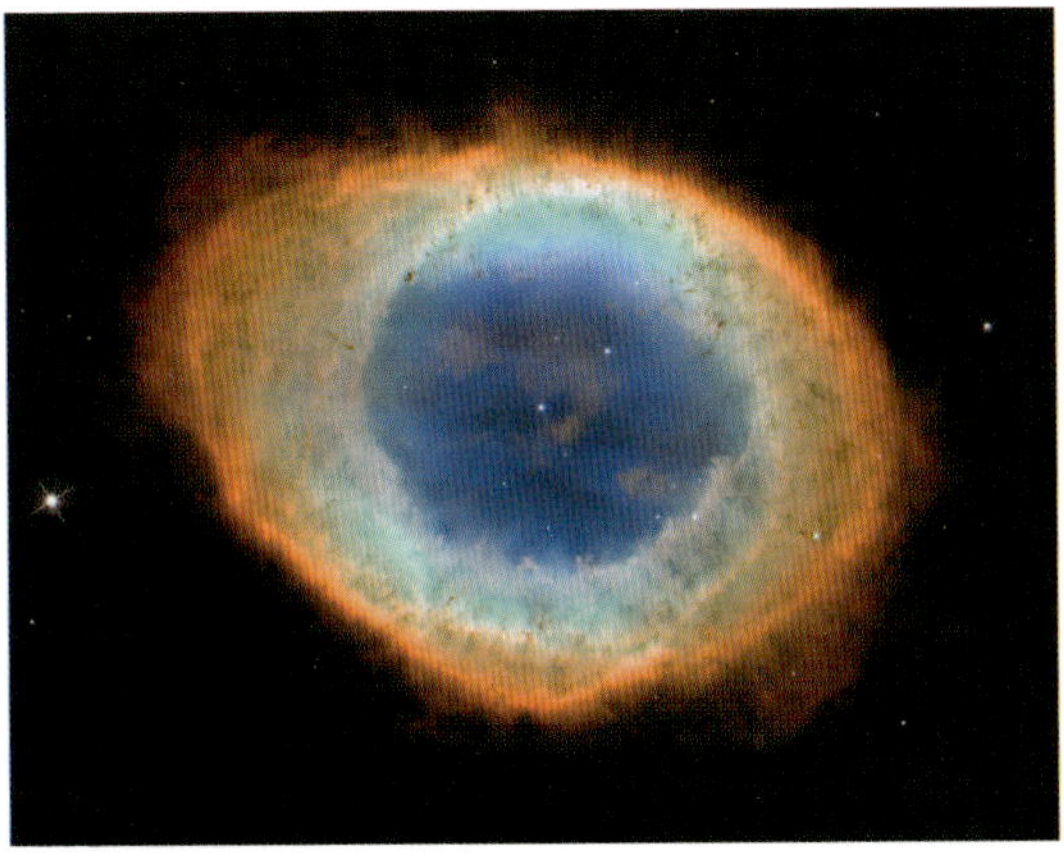

口絵 3（図 C1.4）　惑星状星雲の例，M57. 太陽系からの距離は 2600 光年.（NASA, ESA, the Hubble Heritage（STScI/AURA）ESA/Hubble Collaboration）

口絵 4（図 C1.5）　超新星残骸の例，かに星雲. 太陽系からの距離は 7200 光年.（NASA, ESA, J. Hester and A. Loll（Arizona State University））

口絵 5（図 C1.6）　暗黒星雲の例, 馬頭星雲. 太陽系からの距離は 1600 光年.（NASA, ESA, and the Hubble Heritage Team（STScI/AURA））

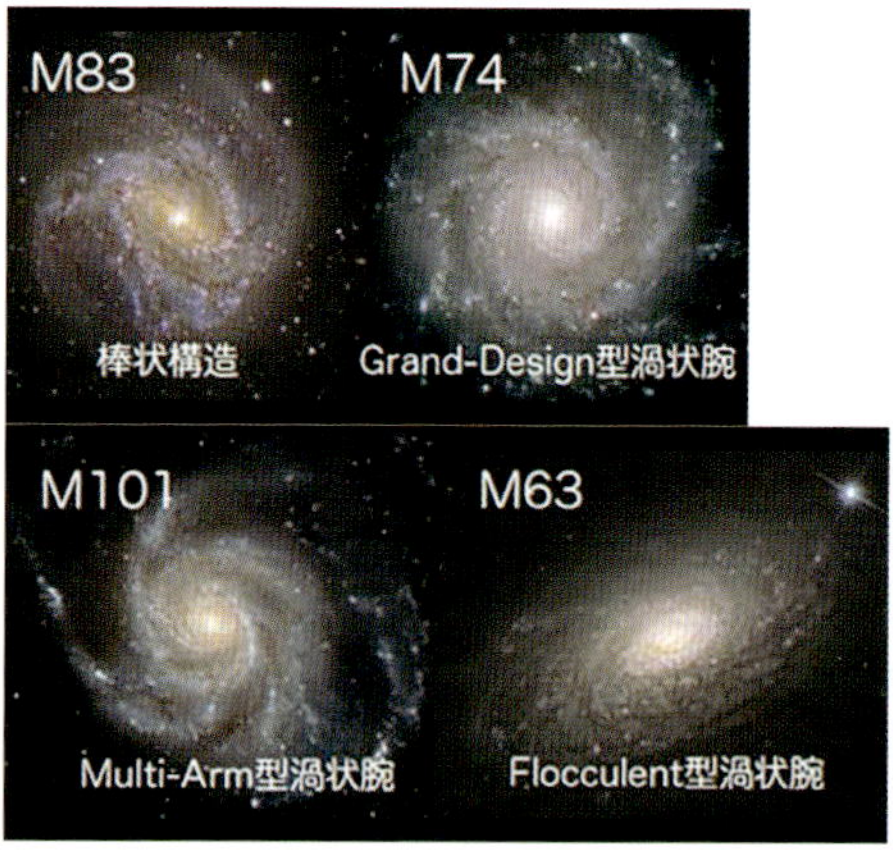

口絵 6（図 2.15）　渦巻の多様性. M83（左上）：棒渦巻銀河の渦巻の例. M74（右上）：2 本の渦巻の例. M51 の項目で述べるグランド・デザイン（grand design）は渦巻構造のよい例である. M101（左下）：3 本以上の渦巻が見える例でマルチプル・アーム（multiple arm）構造とよばれる. M63（右下）：はっきりした渦巻構造がなく, 羊の毛のような淡い波立ちが見える例. これらはフラキュラント・アーム（flocculent arm）とよばれる.（SDSS の画像から作成）

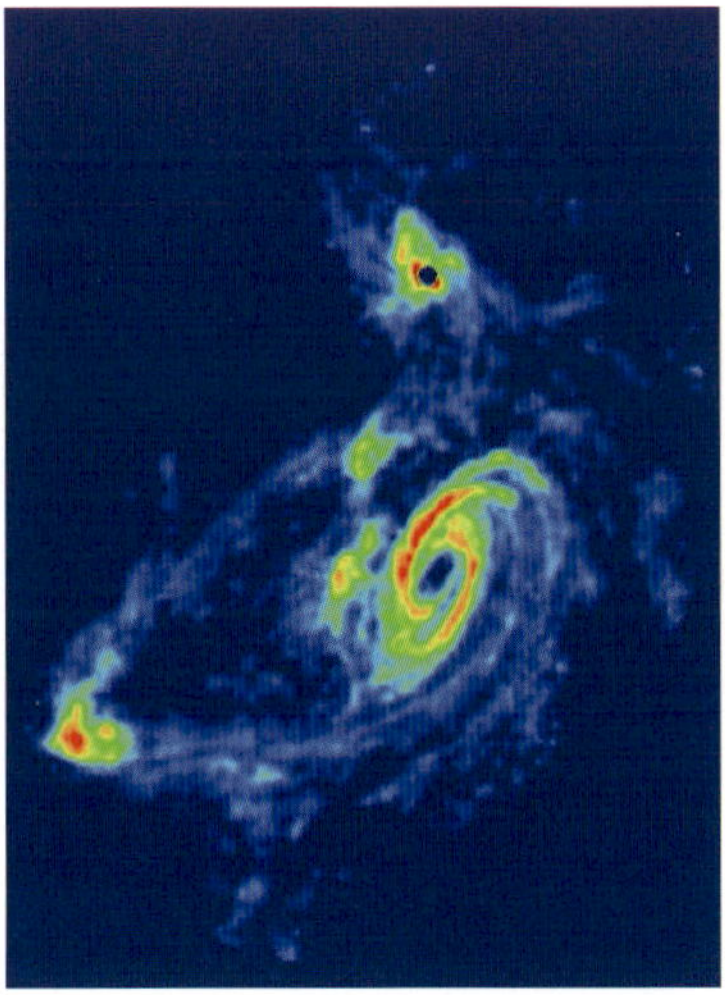

口絵 7（図 3.11） M81，M82，そして NGC 3077 を結ぶ中性水素原子ガス雲の分布 （提供：Min S. Yun）

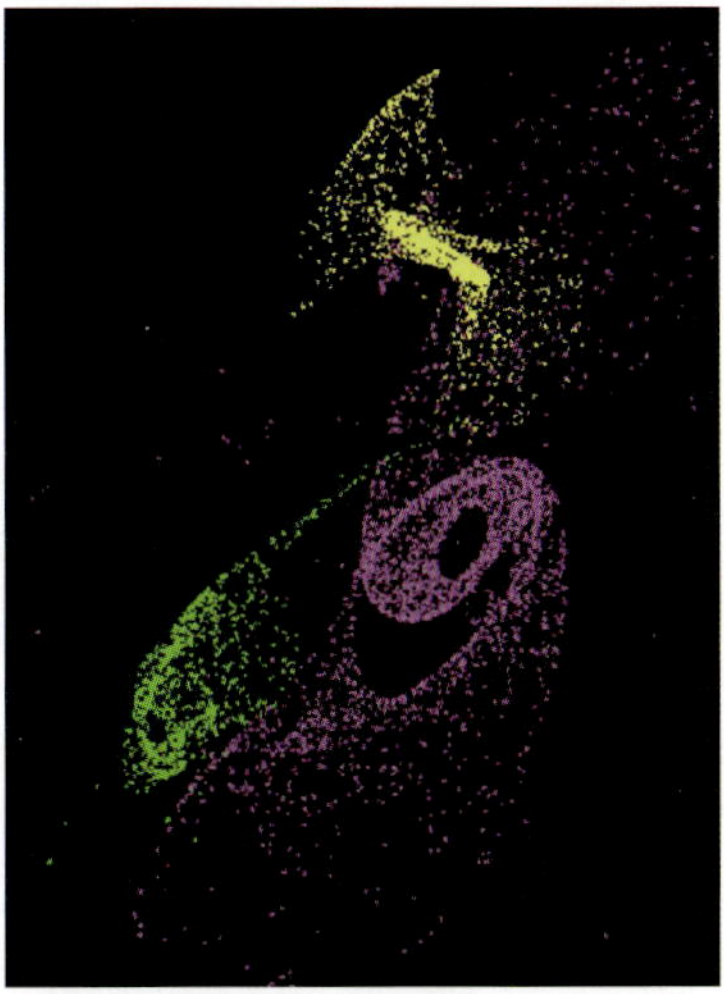

口絵 8（図 3.12） 図 2.6 の観測結果を再現するコンピュータ・シミュレーション （提供：Min S. Yun）

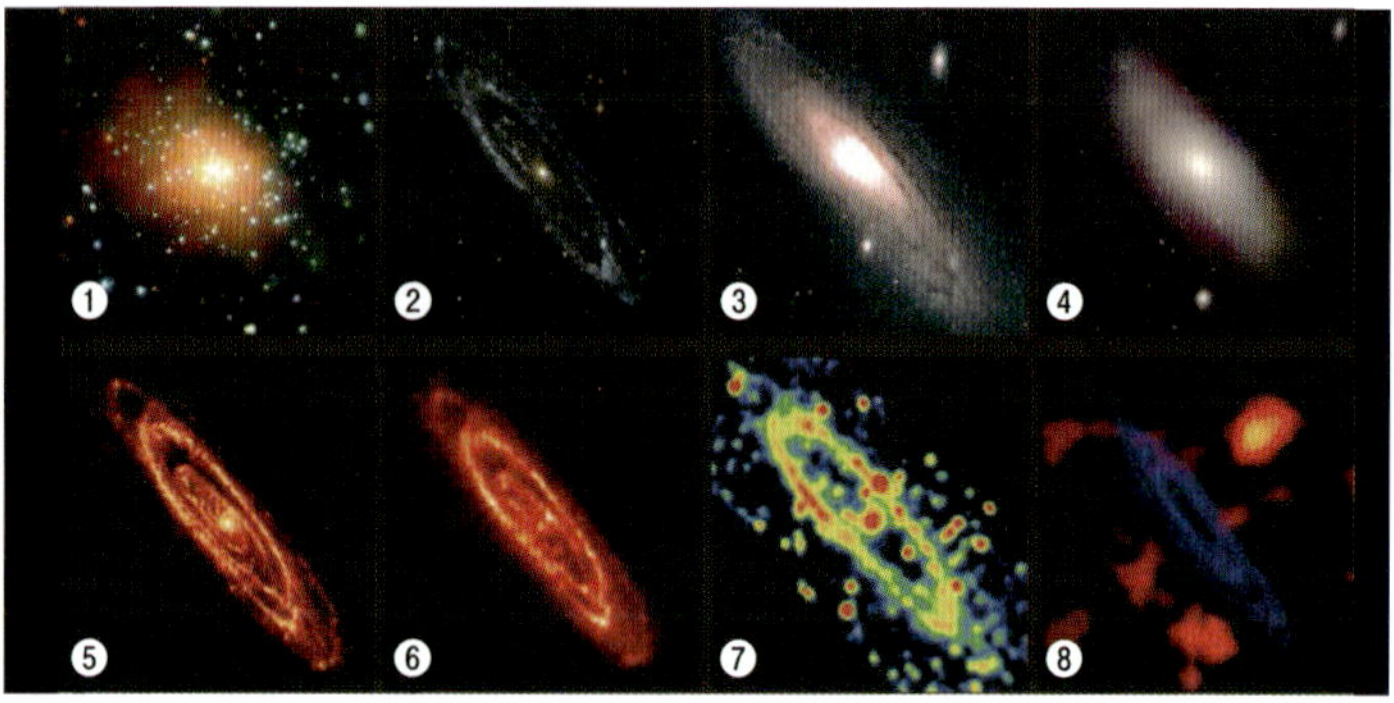

口絵 9（図 3.17）　さまざまな波長帯で見たアンドロメダ銀河． ①X 線：チャンドラ X 線衛星（NASA/Umass/Z. Li & Q. D. Wang），②紫外線：Galaxy Evolution Explorer（GALEX）（GALEX Team, Caltech, NASA），③可視光：東京大学木曽観測所シュミット望遠鏡，④近赤外線（1.6 μm）（Atlas Image courtesy of 2MASS/UMass/IPAC-Caltech/NASA/NSF），⑤中間赤外線（24 μm）：スピッツァー宇宙望遠鏡（NASA/JPL-Caltech/K. Gordon），⑥遠赤外線（175 μm）：Infrared Space Observatory（ISO）（ESA/ISO/ISOPHOT & M. Hass, D. Lemke, M. Stickel, H. Hippelein *et al.*），⑦電波（6 cm）：エッフェルスベルグ電波天文台，⑧電波（21 cm, 中性水素原子）：GBT100 m 電波望遠鏡（NRAO/AUI/NSF, WSRT）．①は中心の約 30 分角，④は約 1 度角，それ以外は約 2 度角．⑧で青色は円盤内のガスでオレンジは落ち込みつつあるガスの塊．（出典：『天文学辞典』シリーズ現代の天文学 別巻，日本評論社，2012）

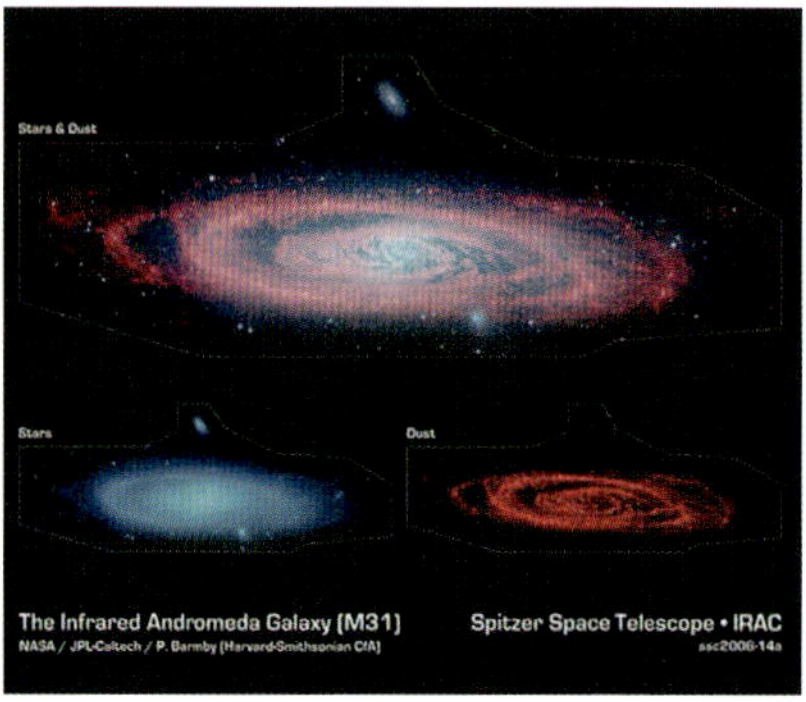

口絵 10（図 3.20）　波長 7.7 μm 帯で放射される PAH の輝線で見たアンドロメダ銀河（右下）．近赤外線の連続光で見たアンドロメダ銀河（左下）．両者の合成画像（上）．（NASA/JPL-Caltech/P. Barmby（Harvard-Smithsonian CfA））

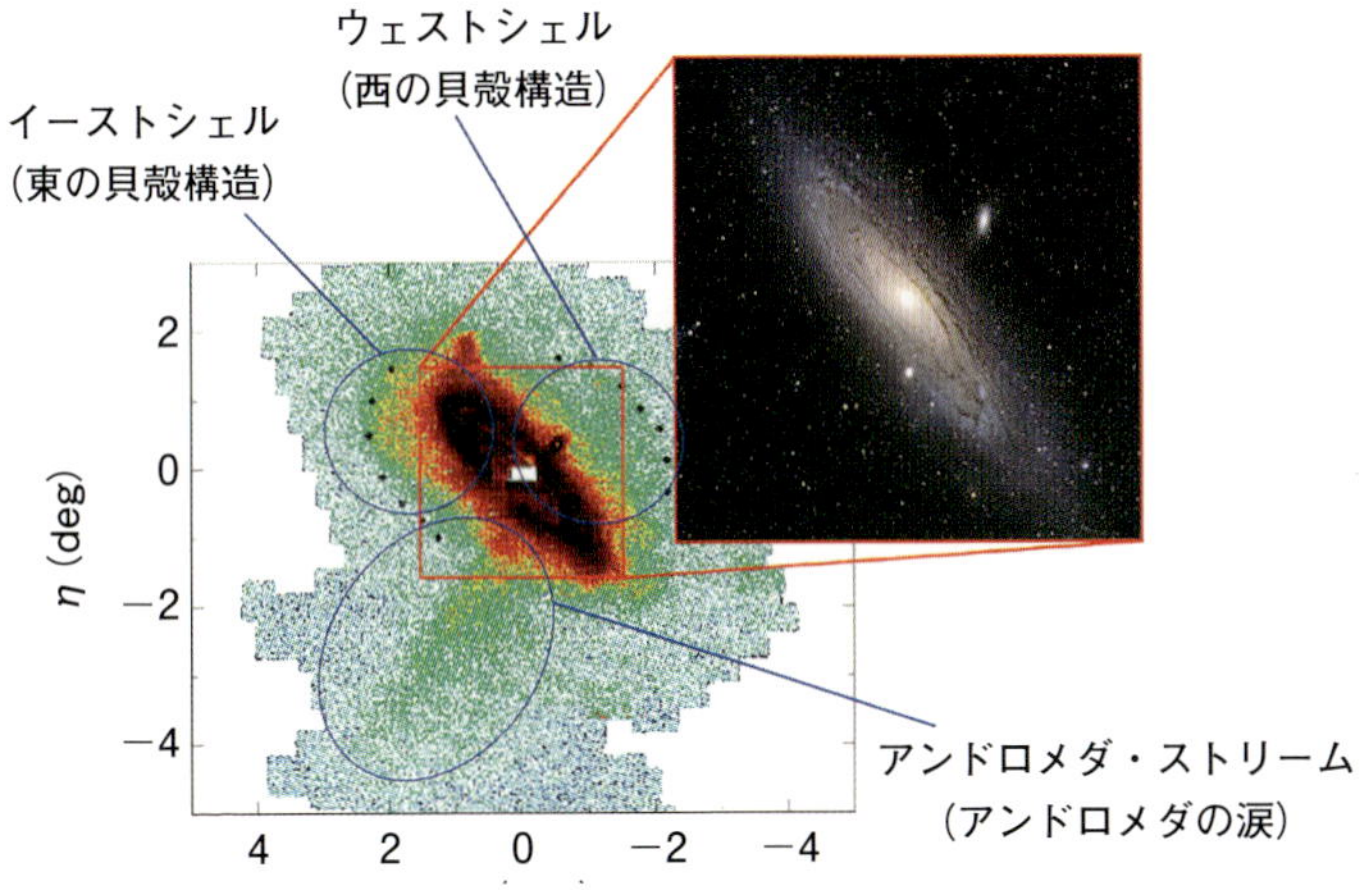

口絵 11（図 3.30） アンドロメダ銀河の南東側（左下側）に伸びるアンドロメダ・ストリーム（アンドロメダの涙）. 全長は 40 万光年.
（提供：筑波大学 森正夫）

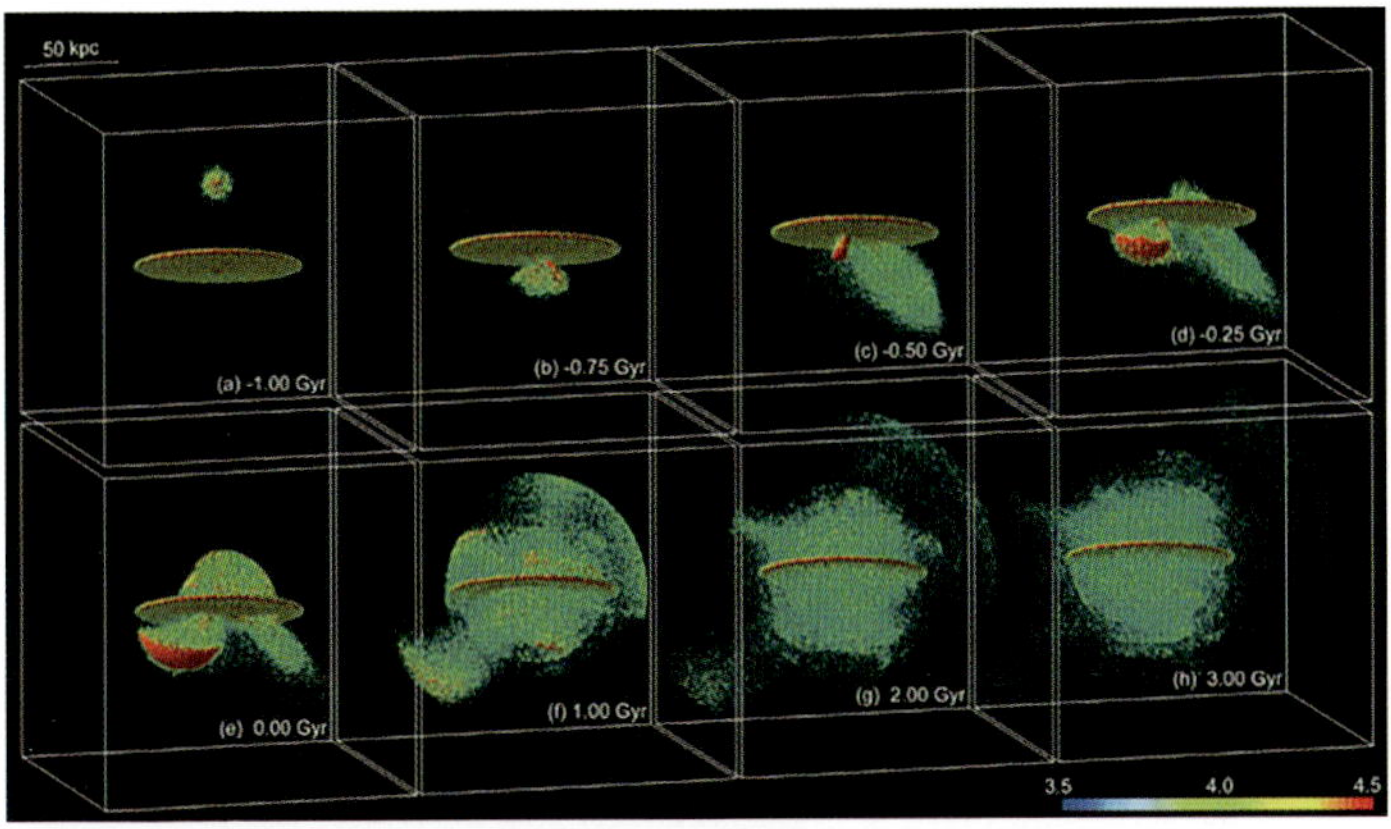

口絵 12（図 3.31） コンピュータ・シミュレーションで再現されたアンドロメダ・ストリーム. アンドロメダ銀河に矮小《わいしょう》銀河が合体していく様子.（a）現在から 10 億年前,（b）7.5 億年前,（c）5 億年前,（d）2.5 億年前,（e）現在のアンドロメダ [右下に伸びた構造がアンドロメダ・ストリーム],（f）10 億年後,（g）20 億年後,（h）30 億年後.（提供：筑波大学 森正夫）

口絵 13（図 3.52） パンダス計画で得られた可視光画像. 中央の赤い色の部分がアンドロメダ銀河で，左下に見える赤い色の部分にM 33 がある．淡い部分がよく見えるように調整されているので，アンドロメダ銀河とM 33 の見慣れた姿は隠されている．アンドロメダ銀河の南側に伸びている構造（図中の Giant stream と示されているもの）はアンドロメダの涙（アンドロメダ・ストリーム）である．（CFHF）

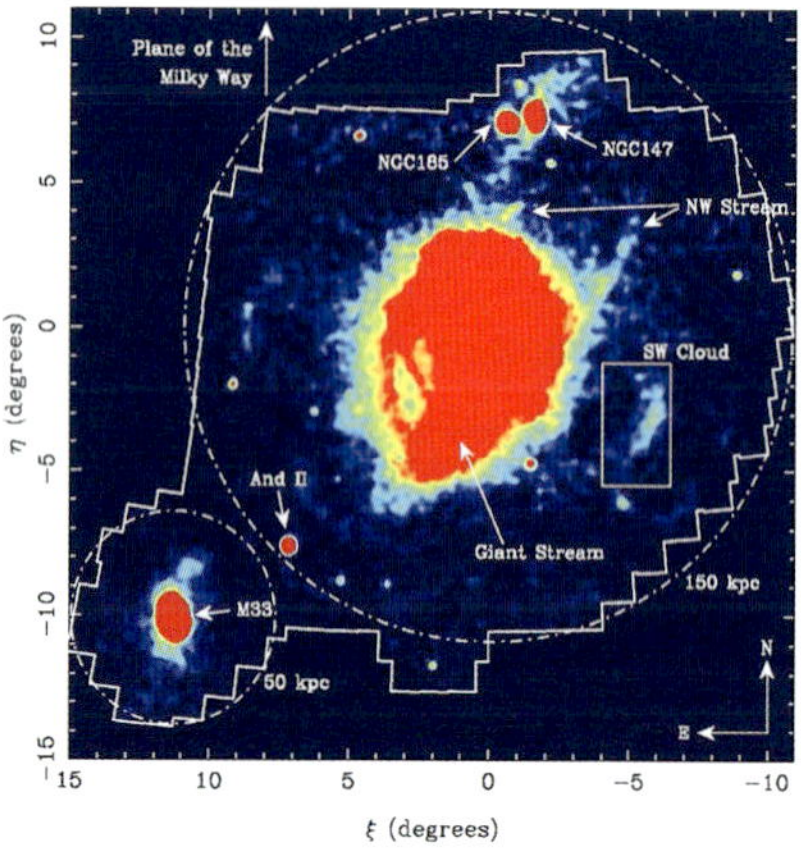

口絵 14（図 4.10） 天の川銀河とアンドロメダ銀河の合体. 現在（一列目左），20 億年後（一列目右），37.5 億年後（二列目左），38.5 億年後（二列目右），39 億年後（三列目左），40 億年後（三列目右），50 億年後（四列目左），70 億年後（四列目右）.
（NASA/ESA/STScI）

まえがき

皆さんは宮沢賢治を知っているだろうか（図Ⅰ・1、以下では賢治と書かせていただく）。1896年、岩手県の稗貫郡里川口町（現在の花巻市）で生まれ、1933年没。わずか37年の人生を駆け抜けた天才的詩人、歌人、童話作家である。

彼の詩（賢治は詩とよばず、心象スケッチと称していた）、あるいは歌曲で最も有名なものの一つに「星めぐりの歌」がある。詩集『双子の星』にある詩の一つだ。どういう星めぐりなのか、見てみることにしよう。

図Ⅰ.1　宮沢賢治
（鎌倉文学館蔵）

あかいめだまのさそり
ひろげた鷲《わし》のつばさ
あをいめだまのこいぬ
ひかりのへびのとぐろ

オリオンは高くうたひ
つゆとしもとをおとす
アンドロメダのくもは
さかなのくちのかたち

大ぐまのあしをきたに
五つのばしたところ
小熊のひたいのうへは
そらのめぐりのめあて

（『宮沢賢治全集　3』ちくま文庫、1986年、612頁）

なんとも穏やかで楽しい詩だ。この詩を読むと、夜空を眺めたくなる。そして、天文学者として微笑ましく思える記述がある。

アンドロメダのくもは
さかなのくちのかたち

ここで、「アンドロメダのくも」はアンドロメダ銀河のことを意味することは間違いない。空の澄んでいるところであれば、アンドロメダ銀河は肉眼でも十分に見ることができる（図I・2）。賢治も何回も見たことだろう。

図I・2では木立の間にアンドロメダ銀河が見える。どうだろう、皆さんには「さかなのくち」に見えるだろうか。

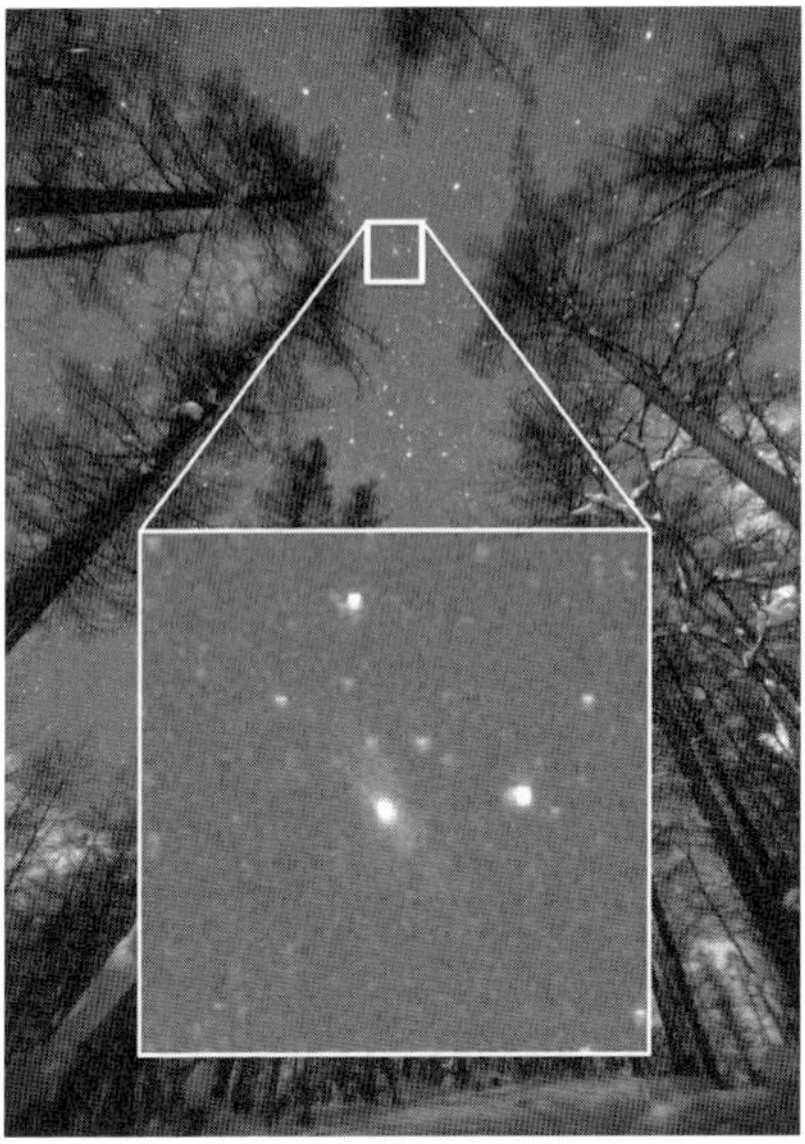

図 I.2　木立の間に見えるアンドロメダ銀河
（提供：長野工業高等専門学校 大西浩次）

図Ⅰ.3　可視光で見たアンドロメダ銀河の姿. 二つの小さな衛星銀河が見えている（M32 と M110）.
（東京大学 木曽観測所）

アンドロメダ銀河は私たちの住む天の川銀河から約250万光年離れた場所にある、美しい銀河である（図Ⅰ・3）。私たちはアンドロメダ銀河を斜め上から見ているので、見かけはレンズのように見えている。賢治にはそれが魚の口に見えたのだろう。

天文学者には思いつかない発想だ。動物に人一倍愛情を持って接していた彼だからこそ、思いついた表現といえそうだ。賢治の世界はあまりにも豊かだ。

天文学の世界では、銀河は楕円銀河、渦巻銀河、棒渦巻銀河などにわけられる。アンドロメダ銀河は「渦巻銀河」に分類され、天の川銀河と同様に星々がつくる円盤状の構造がある。そして、その円盤に渦が見えれば渦巻銀河だ。しかし、本当に渦があるのだろうか?

実際のところ、図Ⅰ・3をよく見ると、渦なのか環のような構造なのか、いま一つ判然としない。そこで、疑問が湧いてくる。


アンドロメダ銀河は本当に渦巻銀河なのだろうか?


渦巻銀河かもしれない。しかし、渦巻銀河でない可能性もある。

では、もし渦巻銀河ではないとしたら? アンドロメダ銀河は一体どういう銀河なのだろうか。頭の中を渦巻くのは「渦」ではなく、「謎」だけになる。


そもそも、銀河の形はどうやって決まるのだろうか?

その形は、時とともに変わるのだろうか?

変わるとすれば、どのように変わって行くのだろう?

銀河の形を調べると、いったい何がわかるのだろうか?


こうして考えてみると、どうも銀河の形は奥深い問題とつながっていそうだ。

本書では私たちの隣人(隣銀河か)であるアンドロメダ銀河の秘密を暴いてみることにしよう。

アンドロメダ銀河の素性が明らかになれば、銀河の秘密がわかってくるだろう。長い宇宙の歴史の中で、銀河はどのように生まれ、育ち、そして死んで行くのか？　これらの疑問に答えるときがきたのだ。

それでは始めよう。アンドロメダ銀河の物語を。

謝辞

図版の多くはＮＡＳＡ、国立天文台などの研究所の優れた研究成果に基づくものを使わせていただきました。また、丸善出版(株)企画・編集部の村田レナさんには原稿をお読みいただき適切なアドバイスをいただきました。末尾になりますが、深く感謝いたします。

２０１９年６月

杜の都、仙台にて

谷口　義明

目次

第 1 章

天の川の世界

南米のチリ共和国のアタカマ高地，標高 5000 m の場所にある ALMA 電波望遠鏡のある場所から眺める天の川．地平線近くに月があるため，パラボラアンテナはシルエットで見えている．アンテナが林立する背後に見える天の川は圧巻である．左下には南十字星が見え，その上に見える黒い穴のように見える場所は「石炭袋」という名前の暗黒星雲である．（国立天文台）

1-1 『銀河鉄道の夜』に学ぶ天の川の正体

まずは天の川

夏の晴れた夜。夜空を見上げると淡い光の帯が見える。それが天の川である。

私たちは天の川の中に住んでいるので、全貌を把握するのは難しい。「木を見て森を見ず」の状態だからだ。しかし、天の川が星の大集団であることはわかっている。このような星の大集団は宇宙にたくさんあり、銀河とよばれている。私たちの住んでいる銀河は「銀河系」とよばれているが、「天の川銀河」とよぶこともある。

昔はこの天の川そのものが宇宙全体であると考えられていた。それが間違いだとわかったのは1925年のことだ。アンドロメダ座の方角に見える星雲であるアンドロメダ星雲が、じつは天の川の外にある、別の銀河であることがわかったのである。このときからアンドロメダ星雲はアンドロメダ銀河に昇格した。

しかし、これはアンドロメダ星雲からアンドロメダ銀河への昇格以上の衝撃を私たちに与えた。なぜなら

天の川=全宇宙

という図式が崩れたからだ。この発見で、人類は「宇宙にはたくさんの銀河がある」という正しい宇宙観を持つようになったのである。天動説（地球が中心で、太陽などの天体が地球の周りを回っている）から地動説（太陽が中心で、地球などの惑星は太陽の周りを回っている）への転回どころではない。

また、20世紀には物理の理論が整備され、宇宙を観測する技術も格段に進歩した。そのおかげで、私たちは自分たちの住む宇宙のことをかなり正確に理解できるようになってきた。しかし、科学は不思議なもので、わかればわかるほど、より難しい問題が出てくる。それを乗り越えれば、またそれより難しい問題が出てくる。この繰り返しである。

本書では、天の川銀河の隣人であるアンドロメダ銀河に焦点を当てることにしよう。アンドロメダ銀河は天の川銀河に一番近い銀河である。それなのに、まだ謎が残っている。謎を謎のままにしておくのは落ち着かないので、これからアンドロメダ銀河の真の姿に迫っていきたい。それは銀河が溢れるこの宇宙を理解する一つの道である。しかし、その前にやるべきことがある。天の川銀河の正体を探ることだ。

ということで、まずは天の川である。図1・1に精密位置測定衛星ＧＡＩＡが観測した天の川の姿を示す。この写真には10億個以上もの星が写っている。見事な写真だ。写真の中央部分は膨らみを帯びて明るくなっているが、バルジとよばれる構造である。バルジ（bulge）は「膨らみ」という意味だ。円盤に沿って見えている黒い構造は暗黒星雲である。暗黒星雲の帯状構造はう

図 1.1　精密位置測定衛星 GAIA が観測した天の川　(ESA/Gaia/DPAC)

ねったり、二つに分かれたり、かなり複雑なパターンを見せている。バルジの上側に見える暗黒星雲帯はグールド・ベルトとよばれ、星雲の中では星が生まれたり消えたりしている。

『銀河鉄道の夜』

　さて、この天の川はどういうものなのだろう。本書のまえがきで、宮沢賢治の詩の一つ、「星めぐりの歌」を紹介した。せっかくなので、同じく賢治の作品である『銀河鉄道の夜』を読みながら、天の川（図１・１）の正体を見極めていくことにしよう。

　この物語は１９２４年頃から書き始められ、死の直前まで推敲され続けていた未完の名作である。とはいえ、賢治は「永久の未完成これ完成である」（『宮沢賢治全集10』「農民芸術概論綱要」ちくま文庫、１９９５年、26頁）と述べているので、完成された名作とすべきかもしれない。

物語では、主人公のジョバンニが友人のカムパネルラと一緒に、幻想の世界で天の川銀河を駆ける旅に出かける。出発地は現在の岩手県花巻市にあると思われる銀河ステーション。はくちょう座の北十字から、みなみじゅうじ座の南十字へ。美しい天の川をたどる旅だ。

その旅の前に、ジョバンニたちは先生から天の川銀河の説明を受けることになる。私たちも受けてみよう。

午后《ごご》の授業

『銀河鉄道の夜』の第一節、「午后の授業」で先生が天の川について説明をし始める。

「ではみなさんは、さういふふうに川だと云《い》はれたり、乳の流れたあとだと云はれたりしてゐたこのぼんやりと白いものがほんたうは何かご承知ですか。」先生は、黒板に吊るした大きな黒い星座の図の、上から下へ白くけぶった銀河帯のやうなところを指しながら、みんなに問いをかけました。

（『宮澤賢治全集　７』「銀河鉄道の夜」ちくま文庫、１９８５年、２３４頁。以下ではたんに頁数のみを示す。）

この先生の問いかけに友人のカムパネルラや数人の生徒が手を挙げる。しかし、物語の主人公であるジョバンニは答えを知っていたのに、手を挙げることができなかった。

先生はさらに質問を続ける。

「大きな望遠鏡で銀河をよっく調べると銀河は大体何でせう」

「このぼんやりと白い銀河を大きないゝ望遠鏡で見ますと、もうたくさんの小さな星に見えるのです。ジョバンニさんさうでせう」（235頁）

結局、先生は生徒に答えさせることもなく、自ら答えをいってしまう。先生が生徒に見せた「黒板に吊るした大きな黒い星座の図」というものがどのようなものだったかは不明だが、全天の様子を描いたイラストのようなものだったのだろう。

先生の解説は続く。

「ですからもしもこの天の川がほんたうに川だと考へるのなら、その一つ一つの小さな星はみんなその川のそこの砂や砂利の粒にもあたるわけです。またこれを巨《おお》きな乳の流れと考へるならもっと天の川とよく似てゐます。つまりその星はみな、乳のなかにまるで細かにうかんでゐる脂油《しゅ》の球にもあたるのです。そんなら何がその川の水にあたるかと云ひますと、それは真空という光をある速さで伝えるもので、太陽や地球もやっぱりそのなかに浮かんでゐるのです。つまりは私どもも水のなかに棲《す》んでゐるわけです。そしてその天の川の水のなかから四方を見ると、ちょうど水が深いほど青く見えるやうに、天の川の底の深く遠いところほど星がたくさん集まって見えしたがって白くぼんやり見えるのです。この模型をごらんなさい。」

（236頁）

ジョバンニとカムパネルラが知っていたように、天の川が雲のように見えるのは、たくさんの星々が集まっているからだ。

1-2　星の世界

ガリレオ、望遠鏡を手にする

天の川がたくさんの暗い星々の集まりであることをはじめて科学的に突き止めたのはイタリアの科学者ガリレオ・ガリレイ（1564–1642）である。ガリレオは望遠鏡を使って宇宙を調べた最初の人だ。

1608年、オランダのレンズ職人であったハンス・リッペルハイ（1570-1619）はレンズを組み合わせると遠くのものが大きく見えることに気がついた。これがレンズを使った望遠鏡（屈折望遠鏡）の発明となった。この噂を聞きつけたガリレオはさっそく望遠鏡の製作を試みた。科学者である彼は器用に望遠鏡をつくり上げた（図1・2）。そして、それを天に向けたのである。

ガリレオは、自分が望遠鏡で調べた宇宙の姿を一冊の書籍にまとめた。それは日本では『星界の報告』として出版されている。岩波文庫版（青906-5）は山田慶児と谷泰によって訳され、1976年に出ている。また、2017年に刊行された、伊藤和行の新しい訳による講談社学術文庫（2410）でも読むことができる。講談社学術文庫版に準拠すると、『星界の報告』の内容は以下のようになっている。

天文学的報告

第一章　覗《のぞ》きメガネ「望遠鏡」
第二章　月の表面
第三章　恒星
第四章　メディチ星「木星の衛星」

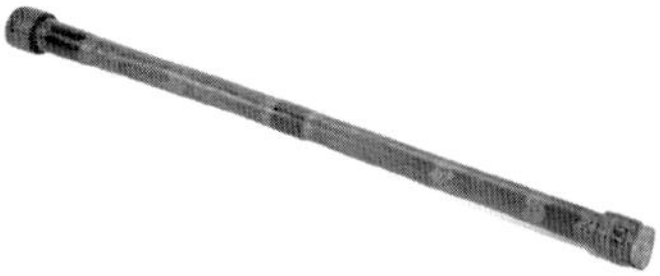

図1.2　ガリレオの望遠鏡（レプリカ）. 口径4 cmの屈折望遠鏡である．ガリレオがはじめて望遠鏡を宇宙へ向けた1609年から400年後，2009年には，世界天文年という世界的な事業が行われた．筆者も日本実行委員として，日本で行われたさまざまなイベントを楽しんだ．
(Istituto e Museo di Storia della Scienza, Florence)

天の川の話は第三章に出てくる。天の川に関する記述を見てみると、以下のようになっている。

……我々によって観察されたのは、天の川自体の本質、すなわち実体である。それは覗き眼鏡のおかげで感覚を通じて精査することができ、その結果、何世紀にもわたって哲学者たちを悩ませてきた論争のすべてが、眼でわかるような確実さによって解消され、我々は言葉の上での議論から解放されるだろう。というのは、銀河とは、集まって塊になった無数の星の群れに他ならないからである。……（49頁）

『銀河鉄道の夜』が書き始められたのは1924年頃のことなので、その頃には天の川の正体は知られていた。じつは、ジョバンニもカンパネルラもちゃんと知っていたのだ。

天の川の正体

そして、先生の解説はさらに続く。

先生は中にたくさん光る砂のつぶの入った大きな両面の凸レンズを指しました。

「天の川の形はちやうどこんなななのです。このいちいちの光るつぶがみんな私どもの太陽と同じようにじぶんで光ってゐる星だと考えます。　（236頁）

これを読むと、先生は星のことをよくわかっていると感じる。なぜなら、

このいちいちの光るつぶがみんな私どもの太陽と同じようにじぶんで光ってゐる星だと考えます。　（236頁）

と説明しているからだ。

「じぶんで光っている星」ここが肝心である。惑星という名前にも星という文字が入っているが、星ではない。

まず、復習しておこう。星は恒星ともよばれる。夜空に見える配置が変わらないからである。実際には個々の星はそれぞれある速度で天の川銀河の中を運動しているので、長い期間観測し

ていれば配置が変わる。その運動は星の固有運動とよばれる。[1] ただ、その移動を確認するには長い年月がかかる。そのため、星はそう簡単には天球における配置を変えることはない。そのため、恒星、恒なる星とよばれているのだ。

一方、惑星は金星でも火星でも、星とは異なる動きを見せる。そのため、惑う星、惑星とよばれている。夜空に惑星を眺めると、確かに星のように見える。しかし、惑うように動く、星のように見える天体というほうが正しい。惑星は星とは違って、自ら輝いているわけはない。太陽の光を反射して星のように見えているだけだ。

太陽のような星は水素原子（陽子）をヘリウム原子核に熱核融合してエネルギーを取り出している。そのエネルギーは圧力を生み出し、星が重力で潰れるのを防いでくれる。星は重い。太陽の質量は 2×10^{30} キログラムもある。熱核融合から生み出される圧力は、このように重い星の重力とつり合うほど強い。圧力と重力がうまくつり合って、星を安定させているのだ。

天の川の形

次は先生の天の川の形に関する説明に着目しよう。

1　1年あたり、星の位置がどれだけ移動するかで表される。その際、移動する角度は1秒角（3600分の1度）にも満たないわずかな量である。

私どもの太陽がこのほゞ（ほぼ）中ごろにあって地球がそのすぐ近くにあるとします。みなさんは夜にこのまん中に立ってこのレンズの中を見まわすとしてごらんなさい。こっちやこっちの方はレンズが薄いのでわづかの光る粒即《すなわ》ち星しか見えないのでしょう。こっちやこっちの方はガラスが厚いので、光る粒即ち星がたくさん見えその遠いのはぼうっと白く見えるというこれがつまり今日の銀河の説なのです。そんならこのレンズの大きさがどれぐらいあるかまたその中のさまざまの星についてはもう時間ですからこの次の理科の時間にお話しします。では今日は銀河のお祭りなのですからみなさんは外へでてよく空をごらんなさい。ではこゝまでです。本やノートをおしまいなさい。」

（236-237頁）

天の川銀河をレンズに見立て、天の川がどのように見えるかを説明している。ところが、最初の一文がやや曖昧なので、少し注意が必要だ。

その最初の一文を見てみよう。

私どもの太陽がこのほゞ（ほぼ）中ごろにあって地球がそのすぐ近くにあるとします。

（236頁）

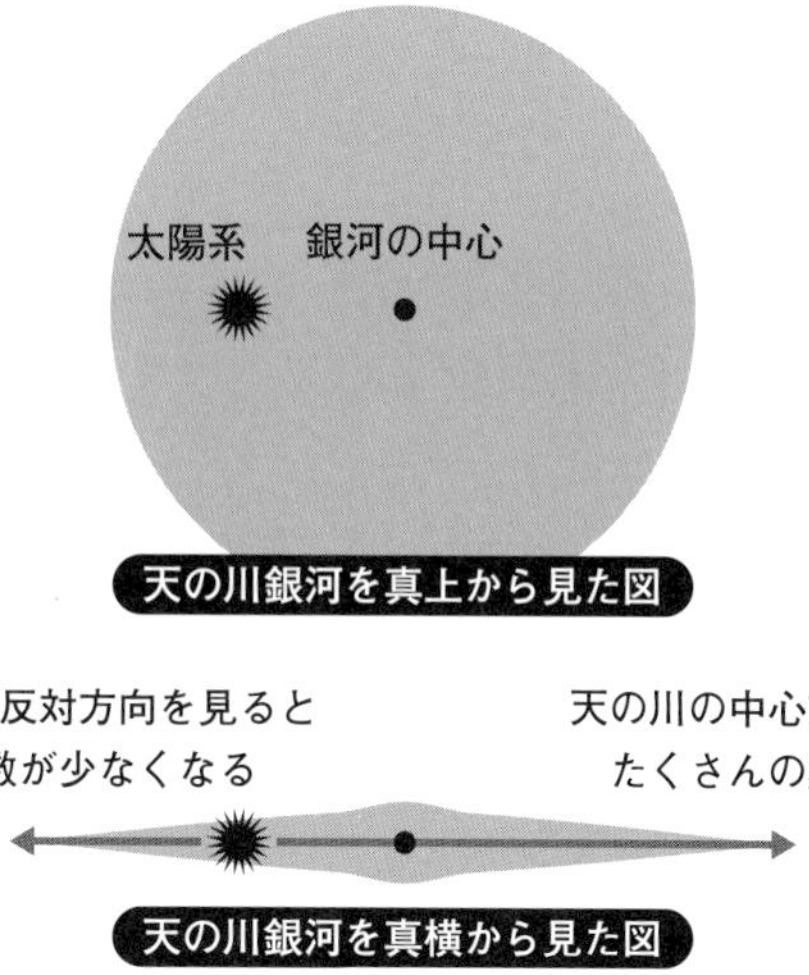

図1.3　天の川銀河の中における太陽系の位置．太陽系から銀河を眺めるとどのように星々が見えるかを模式的に示してある．下図の右方向が天の川銀河の中心方向で，夏の明るい天の川が見える．逆に左の方向は星の個数密度が減り，暗い冬の天の川が見える．

先生はレンズを指しながらこの説明をしているのだと思う。「中ごろ」がレンズの中央部を意味すると問題が起こる。太陽は天の川銀河の中心にはないからだ。したがって、先生の説明を矛盾なく理解するには図1・3のような配置になる。実際、太陽系は銀河の中心から約2万6000光年離れたところに位置している。

なお、天の川銀河の直径は約10万光年である。ここで、「光年」は天文学で使われる距離の単位で、光（電磁波）が1年間に進むことができる距離である。光速は秒速30万キロメートル。この速度で1年間進むと、1光年＝約10兆キロメートルになる。

1-3 天の川を調べる

ガリレオ以前とガリレオ以後

天の川が星の集団であることを観測で立証したのはガリレオだった。しかし、歴史を紐解けば、そう推察されたのは紀元前までさかのぼることができる。古代ギリシア時代に活躍した哲学者デモクリトス（紀元前460-360年頃）が天の川は星の集団であろうと述べているからだ。当時はそれを確かめる手段がなかったので、あくまで推察にすぎない。しかし、そう推察する能力には驚きを隠せない。私が天の川を見て、同じように推察する自信はない。

では、天の川の形はどうだろう？ 夜空を眺めて、私たちがどのような形状をした星々の世界に住んでいるか想像できるだろうか？ 完全無欠の形状を望むのであれば、球のような空間に星々が散りばめられていると考えたくもなる。実のところ、ガリレオより前の時代には、宇宙に存在するものの形は、三次元なら「球」、二次元なら「円」だと信じられていたのである。

では、天の川は実際にはどういう形をしているのだろうか？ ガリレオは天の川が星の集団であることを見抜いたが、天の川の形を調べたわけではない。ガリレオの時代には天の川の真の姿はわかっていなかったのである。

18世紀に入っても、「宇宙＝星の世界」という図式はもちろん変わってはいなかった。当時はまだ望遠鏡の性能が高くなかったので、観測結果に基づいて宇宙の形を考えることはできなかった。そういった時代背景もあり、まずは思弁的に宇宙について考えるのが常であった。いまでこそ、宇宙論は精密科学になってきたが、それはここ20年のことだ。なんのことはない、21世紀に入ってからなのである。当時は、宇宙論はまだ哲学だったということだ。

球ではない

そんななか、独自の宇宙論を提唱した人がいた。イギリスの天文学者、トーマス・ライト（1711–86）である。

１７５０年、ライトは一冊の著書を出版した。題名は『宇宙の新理論あるいは新仮説』。彼は「宇宙は無数の小さな星からなる平行板のような構造をしている」と提唱したのである。もちろん、当時の観測技術では天の川の詳細な形や大きさを調べることはできなかった。しかし、天の川銀河の大局的な構造という意味であれば、この段階でほぼ正しい描像にたどり着いていたことになる。

ライトの宇宙観は同時代の哲学者であったイマヌエル・カント（1724–1804）にも影響を与えた。カントは「太陽系は星雲が回転し、収縮してできた」と推察した。いわゆる「星雲説」である。カントはこのアイデアをさらに天の川にも適用してみた。つまり、太陽系のような構造を、スケールアップしたものが天の川ではないかと推察したのである。多数の星々が円盤状に分布していればよい。そう考えたのである。この考え方は、驚くことに円盤銀河の描像をいい当てている。

もう一つ驚くことは、宇宙には他にもそのような構造（銀河）があるのではないかということも推察していることだ。現代風にいえば、宇宙には銀河がたくさんあるということをいい当てているのだ。カントが生きていた時代は、まだ、銀河を正しく認識できていなかった時代である。なぜこのように想像を巡らすことができたのか、不思議としかいいようがない。天才はときどき現れるということだろうか？ ちなみに数学者ピエール＝シモン・ラプラス（1749–1827）もカントと同じアイデア（星雲説）にたどり着いたが、カントのように広く銀河宇宙にまで適用するには至らなかった[2]。

しかし、面白い。観測事実がほとんどない時代に、思索だけで宇宙の有り様を理解しようとしたことは偉大な作業だ。考える、あるいは考え抜くことの重要性がよくわかる。見習いたいものである。

天の川を測る

そうこうしているうちに、機は熟してきた。同じく18世紀に生まれたウィリアム・ハーシェル（1738–1822）はライトやカントとは異なった方法で天の川の探究に乗り出した。

彼はドイツのハノーファー生まれのイギリス人だが、最初から天文学に興味を持ったわけではない。なんと、スタートは音楽家である。後に天文学に興味を持ち、結局は天文学者として有名になった人物だ。天王星の発見者としても名をはせている。

彼は望遠鏡の製作でも才能を発揮し、次々と大きな望遠鏡をつくった。それらを駆使して宇宙の観測にのめり込んでいったのだ。

そして、ついに天の川の定量的な観測を始めた。ハーシェルは天の川を683個に天域に分割し、それぞれの天域に何個の星が見えるか、望遠鏡を使って数えていった。スター・カウント(たんにナンバー・カウントともよばれる)、「恒星計数法」という宇宙の観測方法である。妹のカロライン・ハーシェル(1750–1848)の助けがあったとはいえ、あまりにも膨大な観測である。

しかし、彼らの努力ははじめて天の川の姿を定量的に表すことになったのである (図1・4)。少し複雑な形をしているが、全体としては凸レンズを真横から見たような形だ。太陽系はこの構造の中心にあると誤解してはいたものの、思弁的な推察の世界から抜け出し、科学的に天の川の構造を解明した先駆的な研究である。そして、ハーシェルの編み出した恒星(天体)計数法は20世紀の天文学まで生き残る、定番の観測手法になったのだから凄い。[3]

2　山本一清「カント及びラプラスの星雲説」(天界、1924年4月号、106-109頁)に詳しい説明があるので参照されたい。いまから100年ぐらい前、日本人が天文学に関してどのような論考がしていたのかがわかるという意味でも大変興味深い論文である。ちなみに1924年といえば、宮沢賢治が『銀河鉄道の夜』を書き始めた頃である。

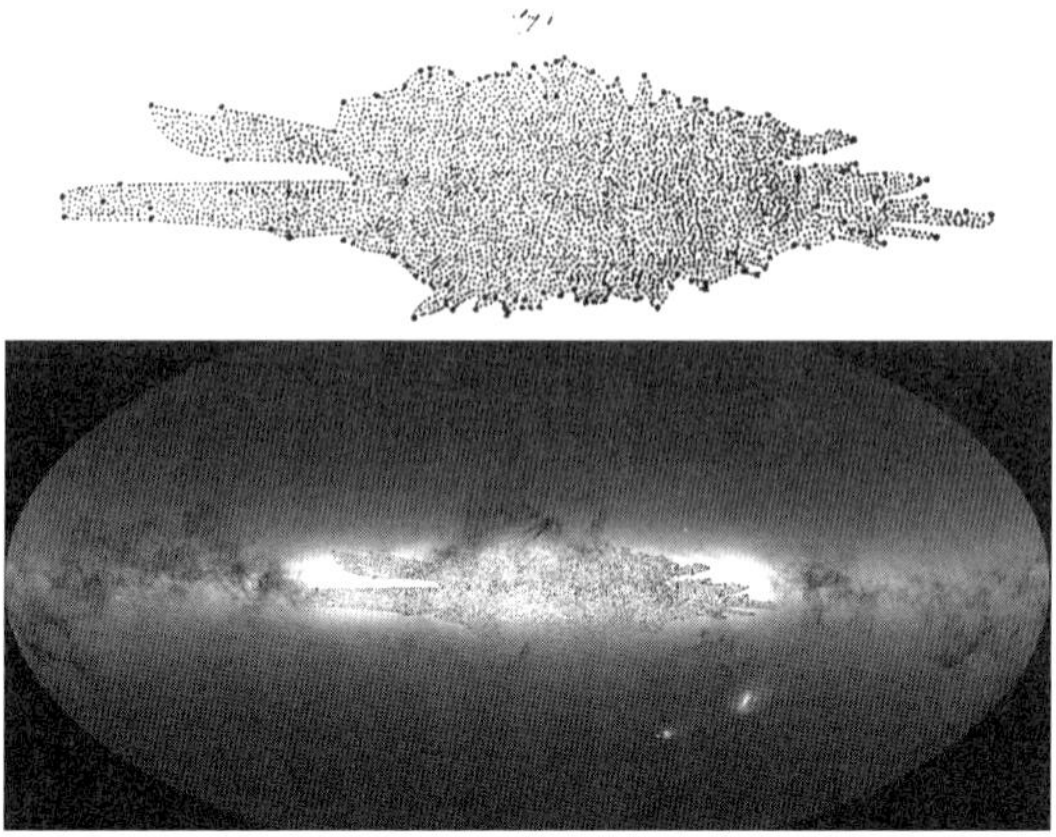

図 1.4　ハーシェルの観測から得られた天の川の姿（上）. GAIA 衛星の可視光全天写真（図 1.1）にハーシェルの結果を重ねたもの（下）．（ESA/Gaia/DPAC）

ところが、ハーシェルの努力にもかかわらず、まだ「宇宙＝星の世界」という図式は払拭されていなかった。考えてみれば、地上に誕生したときから、人類は星々の世界が宇宙だと思ってきたはずである。そう簡単に宇宙観を変えられるものではない。現在の人類が知っている、銀河がたくさんある宇宙観に至るまでは、まだまだ時間が必要だった。

太陽系はどこにあるのか

では、太陽系は天の川の中で、どのような場所に位置しているのだろうか？　自分たちの住んでいる場所を知るという意味で、これは大切な問題である。

「地球が宇宙の中心である。」　人類は長い間、そう信じてきた。しかし、回っているのは太陽ではなく、地球なのだ。これが天動説から地動説への転回である。16世紀、ニコラウス・コペルニクスによって提案されたものだ。
では、太陽は天の川銀河の中心にあるのか？　中心にないことを明確な観測事実に基づいて明らかにした人物がいる。米国の天文学者ハーロー・シャプレー（1885–1972）である。彼はこの後で説明する、渦巻星雲の起源に関する議論でも活躍した。

天の川を眺めると二種類の星団がある。散開星団と球状星団である（図1・5）。散開星団に含まれる星の数は数百個から1000個程度である。星の年齢は比較的若く、数百万歳から数億歳だが、なかには数十億歳のものまである（コラム1で代表的な散開星団であるプレアデス星団を紹介するので参照されたい。図C1・3）。

一方、球状星団は星の数が数十万個から数千万個にも及び、形はまさにその名の通り球状である。星の数は多いが、大きさは数光年から数十光年の範囲にある。散開星団とは異なり、含まれている星々は老齢である。典型的な年齢はなんと100億歳以上である。そのため、天の川の歴史を調べる際には、重要な情報を与えてくれる化石のような天体である。

散開星団と球状星団の差は、星の個数や年齢だけではない。空間分布も決定的に違う。図1・6に示したように、散開星団は天の川に沿うように分布している（あとで述べるように天の川の

3　星のかわりに銀河の個数を数える銀河計数法が1980年代から90年代にかけて精力的に行われた。これにより銀河の進化が系統的に調べられるようになった。

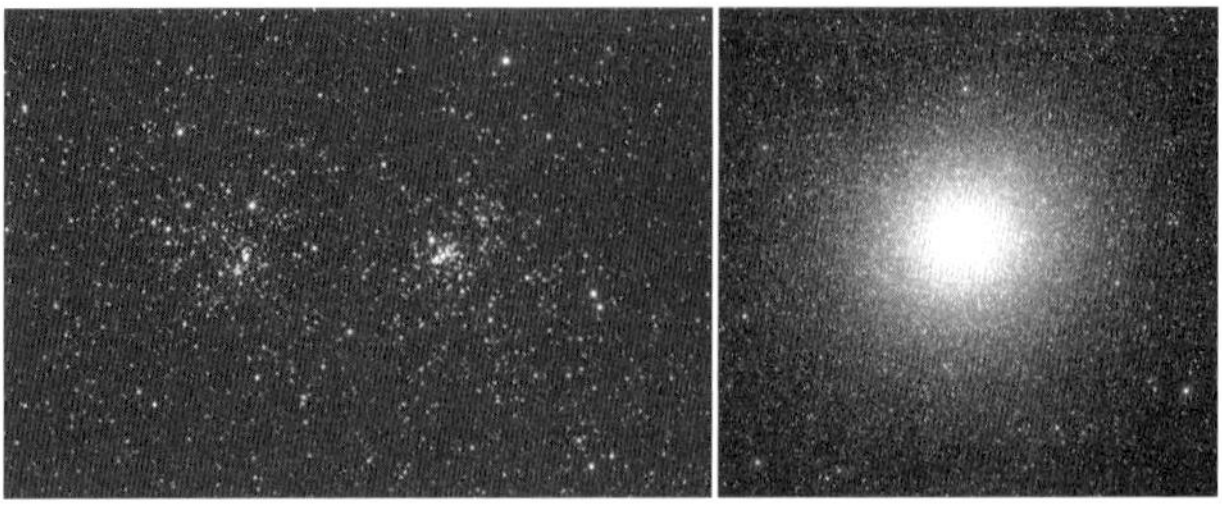

図 1.5　散開星団が二つ並んでいる二重星団（左）．西側（右側）の星団は h Per（NGC 869），東側（左側）の星団は χ Per（NGC 884）という名前がある．Per はペルセウス座の意味．ペルセウス座方向にあり，太陽からの距離は 75 光年，年齢は約 1400 万年．**球状星団の代表例である ω（オメガ）星団（右．ω Cen ともよばれる．ここで Cen はケンタウルス座の意味）**．ケンタウルス座の方向にあり，太陽からの距離は 1 万 7000 光年[4]．
（左：Andrew Cooper acooper@pobox.com； 右：ESO, https://www.eso.org/public/images/eso0844a/）

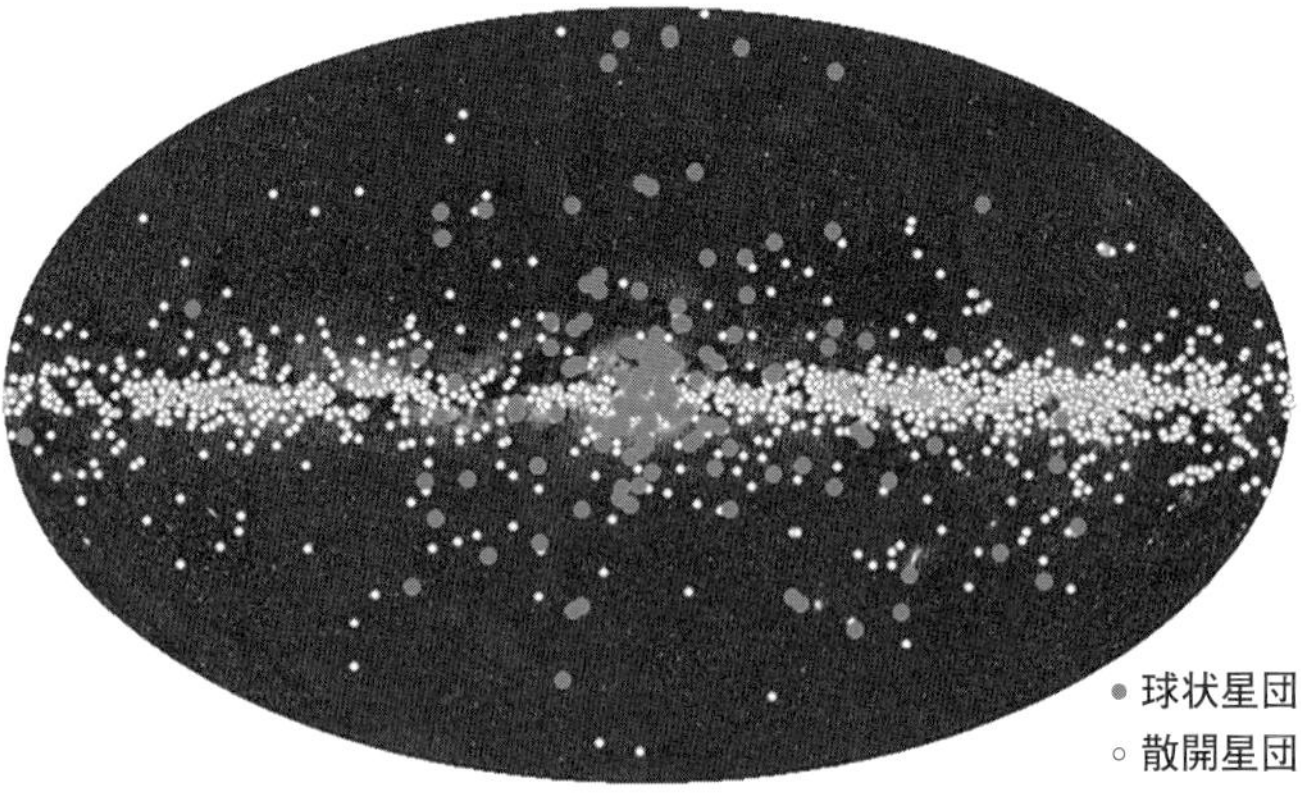

図 1.6　球状星団（灰丸）と散開星団（白丸）の空間分布の違い
（自主学習型天文解析体験プログラム https://astroexercise.wiki.fc2.com/）

ような銀河には星々が円盤状に分布している銀河円盤とよばれる構造があり、散開星団はその円盤部に存在する）。一方、球状星団は円盤部にはなく、天の川を取り囲むように分布している。

シャプレーはこの球状星団の空間分布に着目したのだ。その原理を説明しよう。

まず、球状星団が天の川を取り囲むように分布していると仮定する。もし、太陽系が天の川の中心にあったら、どう見えるだろう。どの方向を見ても、同じような頻度で球状星団が見えるはずである。そのような兆候があれば、太陽系は天の川の主のごとく、中心に鎮座ましましていると考えてよい。そこで、シャプレーは球状星団の頻度分布を天の川に沿って調べてみた（図１・７）。

するとどうだろう。予想に反して、球状星団の分布には大きな偏りが見える。図１・７の横軸は「銀経」だが、これは銀河座標とよばれるもので、天の川の一番明るく見える方向を０度にし

4　ここでh、χ、ωなどの文字記号が出てきたが、これらはバイエル符号とよばれ、ドイツのヨハン・バイエル（1572–1625）が１６０３年に出版した星図に星座の中の明るい星々を特定するために導入したものである。明るい星からギリシア文字（α、βなど）、小文字のアルファベット（aはαと紛らわしいので使用されておらず、aだけは大文字のAが使用される）、続いてAを除く大文字のアルファベット順にこれらの符号が割り振られている。この規則によるとh、χ、ωはそれぞれ星座の中で32番目、22番目、24番目に明るい星になる。七夕で有名な織姫星ヴェガと牽牛星《けんぎゅうせい》アルタイルはそれぞれこと座とわし座の中で最も明るく見える星なので、それぞれ、こと座α星（α Lyr）、わし座α星（α Aqu）と略称される。

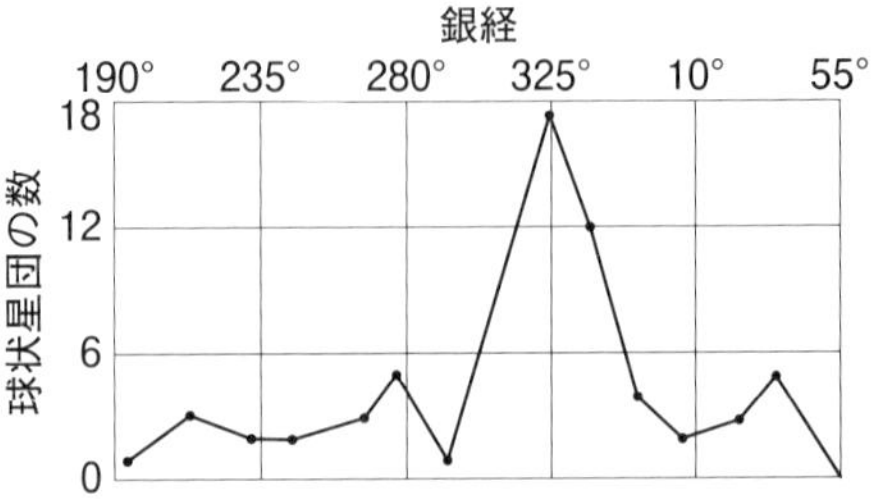

図 1.7　シャプレーが 1918 年に調べた球状星団の銀経分布

て、東側方向に計測していく座標系である。これに直交するのは「銀緯」とよばれる。地球の経度と緯度に倣った呼称なので理解はしやすいだろう。

この図を見てわかることは、

球状星団の分布には大きな偏りがある

ということだ。このことが意味することは一つ。

太陽系は天の川の中心にはない

そういうことだ。

球状星団の個数がピークになるのは銀経＝325度の方向である。この解析に用いられている球状星団の個数は数十個なので誤差も大きい。しかし、それを考慮しても、分布の偏りは明白である。

325度は360度、すなわち0度だと考えてもよいだろう。つまり、天の川の中心方向で球状星団が多く見えるということだ。こう考えると導かれる結論は自明である。

天の川の中心は天の川が一番明るく見える方向にある

非常にわかりやすい。これは、私たちの住んでいるところ、つまり太陽系は宇宙（天の川銀河）の中心にはないことを意味している。こうして、太陽系は天の川の中心から追い出されることになった。

1-4 渦巻星雲の謎

星ではないものがある

「宇宙＝星の世界」という図式に疑問を投げかけた天体がある。それは星雲である。

夜空に見える星々は天の川銀河に属する星々だ。星はきらきらと瞬いて見えるが、これは地球の大気の揺らぎによって生じる現象であり、大気がなければ点源にしか見えない。

ところが夜空を眺めてみると、点ではなく、ぼうっと広がったような天体があることに気がつく。それらが星雲とよばれる天体である。星の雲と書くが、星ではない。ぼうっと広がって見える天体の総称である。したがって、さまざまな種類の星雲があり、これが混乱の元になった。なぜなら、アンドロメダ銀河もぼうっと広がっている天体なので、昔はアンドロメダ星雲とよばれていた。とにかく、ぼうっと広がっている天体は皆、星雲とされていたのである（コラム1参照）。そして、星雲が銀河の中にあるのか、外にあるのかもわからずにいたのである。

渦を巻く星雲

さまざまな星雲の世界についてはコラム1を参照していただこう。じつは、18世紀頃から、気になる星雲の存在が知られていた。それは渦巻星雲である。コラム1で紹介した星雲はさまざまな形をしているが、渦巻のような構造は見えない。渦を巻いているという特徴は、その星雲が回転していることを示唆している。実際、測定してみると、かなりの速さで回転していることがわかった。このように、渦巻星雲は20世紀の初めになっても、謎の星雲のままであった。

18世紀、カントはすでに自分たちの住んでいる星の大集団（当時はこれが宇宙だと思われていた）と同じような巨大な天体（つまり、別の宇宙）が他にもたくさんあるのではないかと提案していた。これは先にも述べたことだ。その影響もあり、渦巻星雲はまさにカントの予言した、別の宇宙なのではないかと考える研究者も少なからずいた。そのため、20世紀に入る頃には、渦巻星雲への関心は高まってきていた。

エポック・メイキングな出来事は、米国のウィルソン山天文台に口径1.5メートルの反射望遠鏡が建設されたことだ（図１・８）。１９０８年のことだった。[5]

この天文台は後に口径５メートルの大望遠鏡が建設されたことでも有名である。この大望遠鏡はヘール望遠鏡とよばれているが、望遠鏡の名前になったジョージ・ヘール（1868-1938）は米国の近代天文学の発展に極めて大きな貢献をした天文学者だった。口径1.5メートルの望遠鏡の建設も、やはりヘールが牽引《けんいん》して実現したものだった。

図 1.8　アメリカのウィルソン山天文台の口径 1.5 m の反射望遠鏡
（写真：Heaven Renteria）

口径1.5メートルの反射望遠鏡の登場は、渦巻星雲の観測に拍車をかけることになった。渦巻星雲は他のタイプの星雲と比べると見かけの等級が暗い。そのため、観測には大きな望遠鏡がどうしても必要だったのである。

当時の観測の様子を示す一例をこ

5　日本の最初の本格的な望遠鏡は国立天文台・岡山天体物理観測所に設置されている口径１・88メートルの反射望遠鏡である（建設時は東京大学・東京天文台の施設）。設置されたのは１９６０年だから、米国が早くから世界の天文学をリードしていたことがわかる。

こで紹介しよう。1913年に出版された論文にある表だ。図1・9にエドワード・ファス（1880–1959）が観測した渦巻星雲のリストを示した。いずれもいまでは渦巻銀河として認識されているものである（図1・10）。

彼は渦巻星雲の分光観測を行い、その性質を調べていた。口径1.5メートルとはいえ、当時は感度の悪い写真乾板（ガラス板に写真乳剤を均質に塗ったもの）を検出器として使っていたので観測は大変だったのである。図1・9の右のカラムには観測時間が書いてあるが、なかには20時間から40時間も費やしたものがあることに気づくだろう。一晩の観測では正味5時間ぐらいの露出がいいところだ。つまり、観測には、一週間は必要だったことになる。

大論争

その頃、世界中の天文学者の一大関心事は、やはり渦巻星雲の正体を見極めることだった。この問題の本質をまとめるとこうなる。

渦巻星雲は天の川の中にあるのか、それとも天の川とは独立した星々の集団なのか？

後半の問いはカントの予測である。夜空を眺めると、まさかそんなことはあるまいと思うのが心情だ。しかし、真理はわからない。まさに、混沌とした時代を迎えていたのである。

SPIRAL NEBULAE

N.G.C.	Dates of Exposure	Total Exposure
1023	1910 Nov. 29, 30, Dec. 1, 2	$20^{h}40^{m}$
1023	1911 Oct. 19, 20, 21, 22	38 14
3031	Jan. 4, 5, 6	22 39
4594	Mar. 29, 30, 31, Apr. 1	17 8
4736	May 2	7 40
4826	1912 Feb. 10, 11, 12	16 15
5194	1911 Apr. 28, 29, 30, May 1	29 20
7331	1910 Aug. 27, 28	12 18

図 1.9　ファスが観測した渦巻星雲（spiral nebulae）のリスト． 左から，渦巻星雲の名前（N.G.C, NGC, New General Catalogue；星雲や星団のカタログの名称），観測した日，そして総露出時間．観測は 1910 年から 2 年間をかけ行われた．（Contributions from the Mount Wilson Observatory/Carnegie Institution of Washington, 67, 1-6）

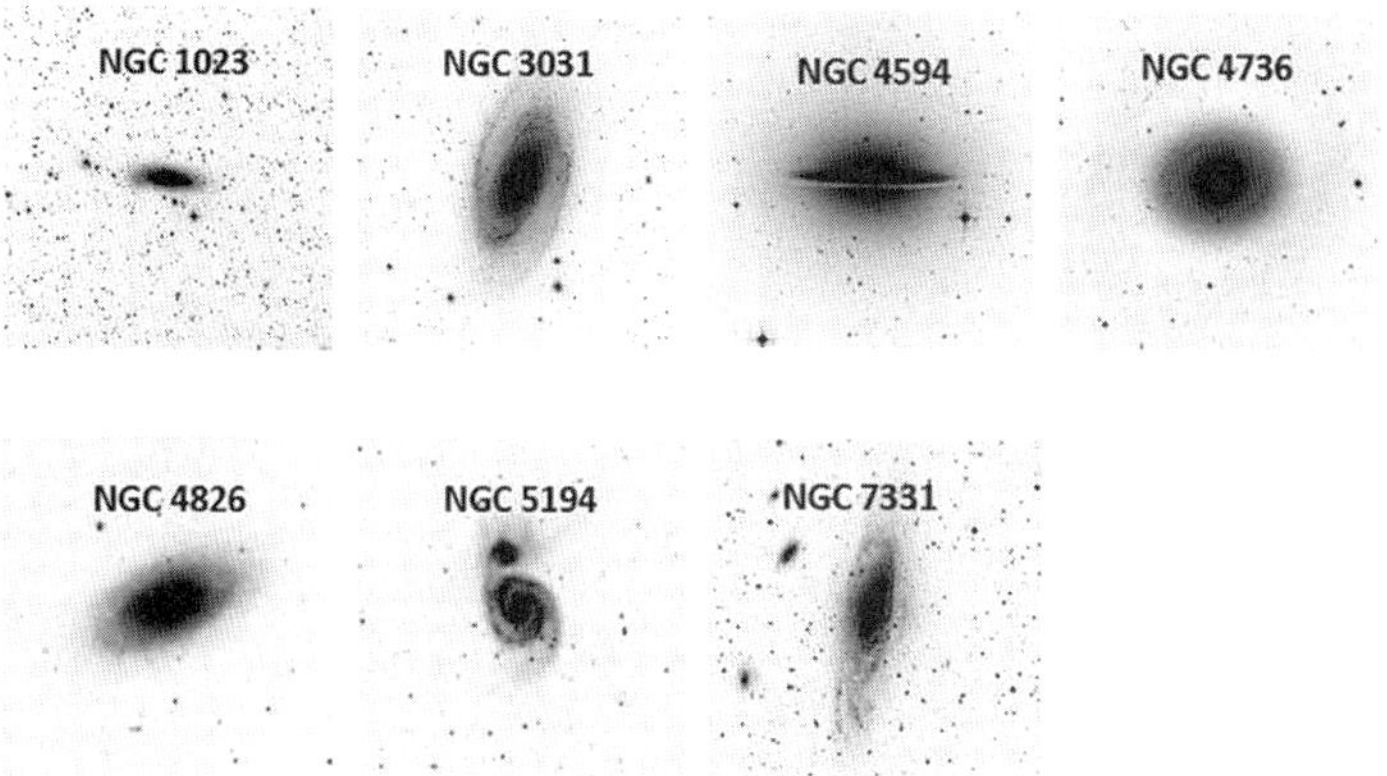

図 1.10　ファスが観測した渦巻星雲　（Digitized Sky Survey）

ただ、混沌の時代を長く続けたい人はいない。なんとか決着をつけたい。誰しもそう思っていたはずだ。

そして、その思いが1920年に一つのイベントとして実現することになった。グレート・ディベート、世にいわれる「大論争」とよばれる討論会が米国科学アカデミーで開催されたのだ。討論会のタイトルは「宇宙の大きさについて」。渦巻星雲が天の川の外側にあるのなら、宇宙の大きさは飛躍的に大きくなる。まさに、私たち人類の宇宙観を問う、大論争だったのだ。

ディベート、論争と訳されるこの言葉は、日本人にはあまり馴染みがない。日本人は表立って争うことを好まず、白黒決着をつけず、「玉虫色」にしておく。事を荒立てずに済ませたいのだ。

まず、ディベートは単なる討論ではない。あるテーマについて二つの対立する考え方、AとBがあるとしよう。ディベートではA説側とB説側に分かれ、あくまでも論争に勝つために担当する説の講演をし、決着をつけるために努力する。極端な話、A説を擁護していない人でもA説側の講演者になって、討論会で勝つことすら起こり得る。まさに討論のための討論なのだ。

さて、問題は「宇宙の大きさについて」だ。この問題は平たくいえば、渦巻星雲が天の川の中にある天体か否かである。そして、二人の講演者が選ばれた。先に紹介したシャプレー、そしてヒーバー・カーチス（1872–1942）だ（大論争に登場した二人についてはコラム2を参照）。

二人は経歴に違いはあるものの、1920年の大論争をする頃には、周囲も認める大天文学者になっていたことは確かだった。では、彼らはどのような大論争を展開したのだろうか？

まず、シャプレーの提案した宇宙は

渦巻星雲は天の川銀河の中の天体である

とするものだった（図1・11）。彼は渦巻星雲のみならず、球状星団にも関心を持って研究していた。球状星団は天の川銀河の周りを取り囲むように分布している星団である（図1・6）。シャプレーは球状星団の広がっている領域の大きさは100キロパーセク（1キロパーセク＝約3000光年）、つまり30万光年ぐらいだと考えていた。つまり、これが天の川銀河の大きさでもある。シャプレーは渦巻星雲も形こそ違えど、球状星団のように銀河の周りを回っている天体だとみなしたのだ。

一方、カーチスは「渦巻星雲は天の川銀河の外にある天体である」とするものだった。渦巻星雲でも、ときどき新星が現れることがあった。ところが、それらの新星は天の川で現れるものに比べると、明らかに暗かった。新星現象がある決まった物理過程で生じているのであれば、天の川銀河で発生しても、渦巻星雲で

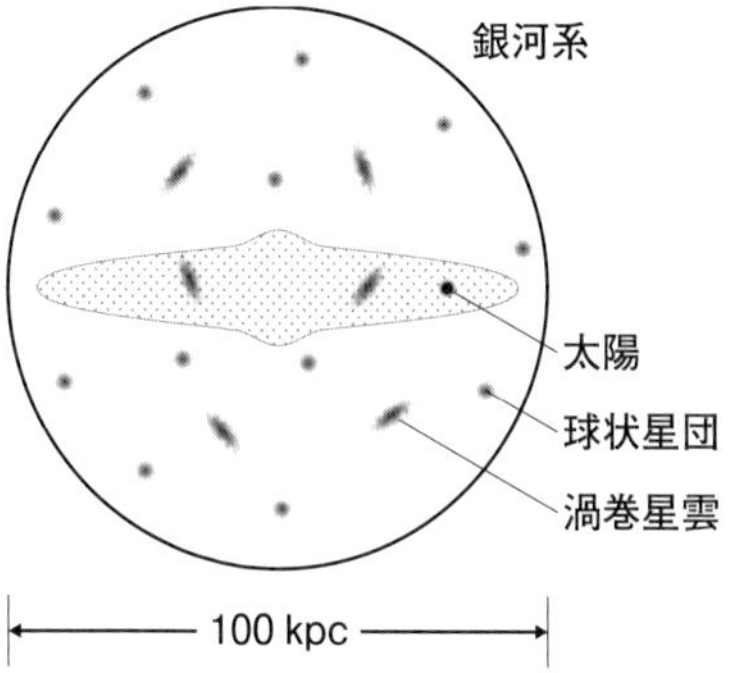

図1.11　シャプレーの宇宙像
（kpc はキロパーセク）

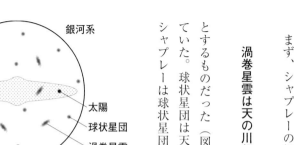

発生しても同じような明るさで観測されるはずだ。もし、渦巻星雲が天の川銀河を超えて遠いところにあれば、渦巻星雲に現れる新星が系統的に暗いことが自然に説明される。

カーチスは天の川銀河の大きさはたかだか10キロパーセク（3万光年）だと考えていた。アンドロメダ銀河のような渦巻星雲までの距離が150キロパーセク（45万光年）程度なら、新星の暗さは説明できると主張したのだ（図1・12）。この描像では、渦巻星雲は天の川銀河の外にあることになる。シャプレーの描像とはまったく異なる主張だ。

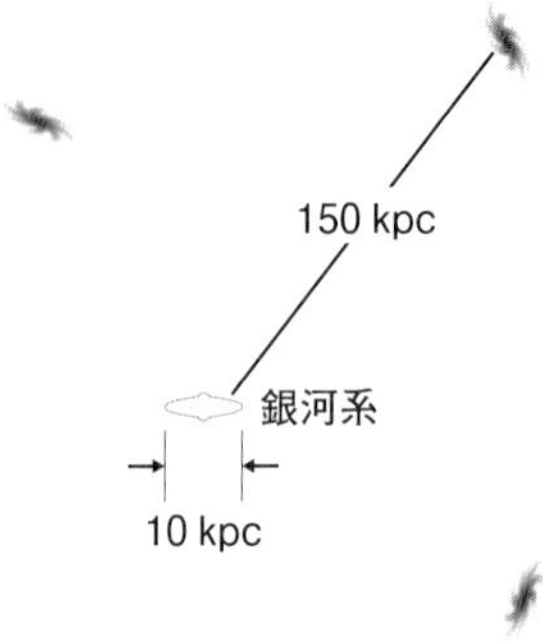

図1.12　カーチスの宇宙像

現在、私たちが認識している宇宙像はカーチスの提案に近い。しかし、時は1920年。渦巻星雲までの距離がわかっていなかった。その状況の中での大論争なので、決着がつくはずもない。じつは、不毛な大論争に終わったのである。

ハッブルの挑戦

そんな頃、天文学を志した一人の若者がめきめきと力をつけてきていた。あのエドウィン・ハッブル（1889–1953）だ（図2・1参照）。シカゴ大学で博士号を取得したのが1917年のことだった。

論文のタイトルは「微光星雲の写真観測による研究」である。彼はヤーキス天文台の口径61センチメートルの反射望遠鏡を使って、多数の星雲の写真撮影を行い、星雲の分類学に挑んだ。

その研究で彼がガイドラインとして使ったのが、マックス・ヴォルフ（1863–1932）の星雲分

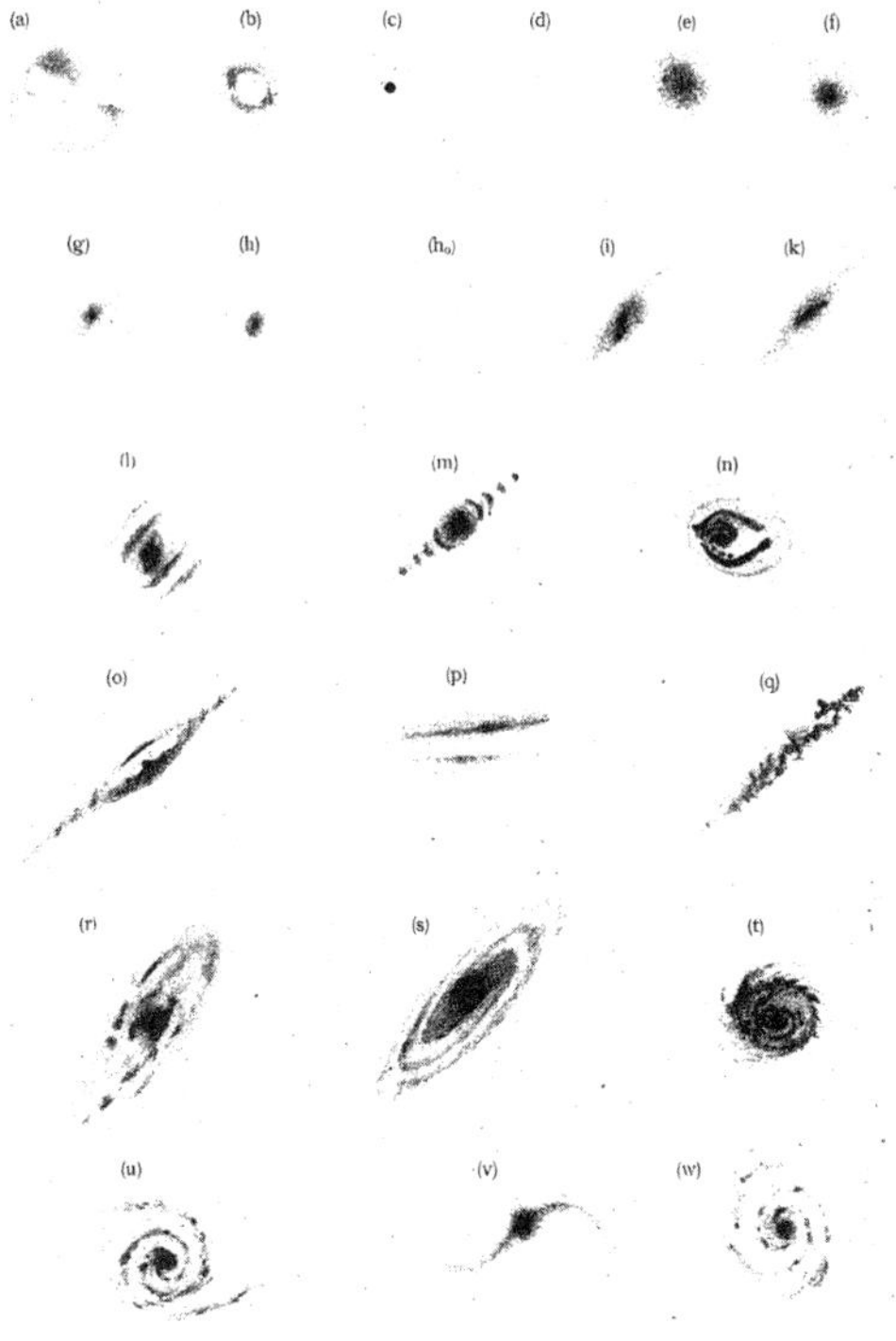

図1.13　ヴォルフの星雲分類
（M. Wolf, 1909）

類だった（図1・13）。このスケッチを見ると、現在そのほとんどが銀河として認識されているものであることがわかる。ファスの研究といい、やはり渦巻星雲の正体に関心を集めていた時代であることがわかる。ハッブルは敏感にその息吹を感じていたに違いない。

1917年に博士号を取得したハッブルに一つの幸運が訪れた。幸いにもヘールの目に留まり、ウィルソン山天文台に職を得ることができたのである。1919年のことだった。1.5メートルの反射望遠鏡に加え、17年には口径2.5メートルのフッカー望遠鏡（図1・14）も稼働し始めた。

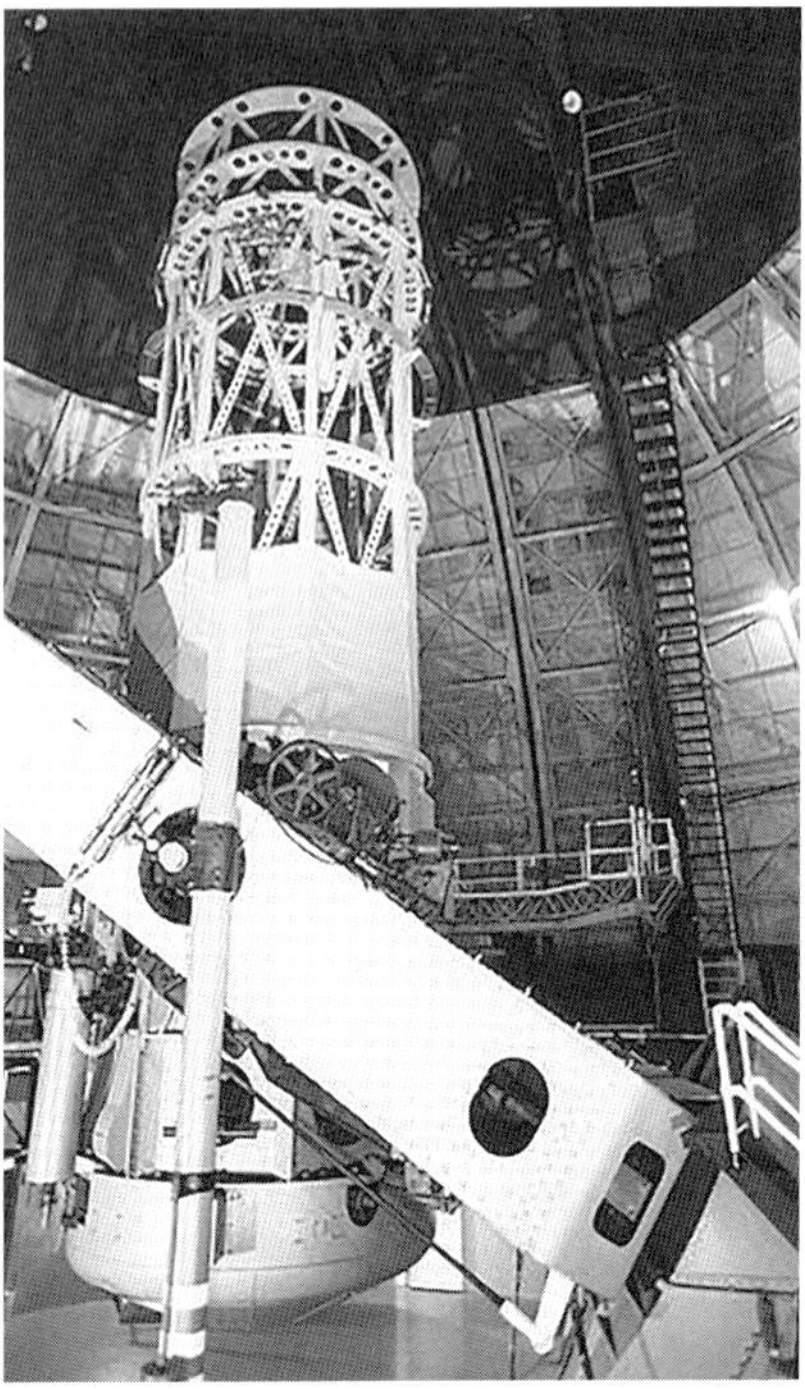

図1.14　ウィルソン山天文台のフッカー望遠鏡　（写真：Andrew Dunn, 1989）

暗い渦巻星雲の素性を見極めるには、格好の研究場所を得たことになったのである。こうして、ハッブルの歴史的な研究が始まった。

そして、人類の宇宙観を根底から覆すときがやってきた。ハッブルがアンドロメダ星雲の距離を求めることに成功したのだ。距離は１００万光年（現在の測定値では２５０万光年）。天の川銀河の円盤部の大きさは10万光年なので、アンドロメダ星雲は明らかに、天の川銀河の中にはないことになる。

宇宙には天の川銀河のような星の大集団（銀河）がたくさんある

人類はこうしてようやく正しい宇宙観にたどり着いたのである。これが１９２５年のことだ。[6] 考えてみると、人類が正しい宇宙観を得てから、まだ1世紀も経っていないのである。

6　世紀の大発見ということで、１９２４年の暮れにニューヨーク・タイムズが大々的にニュースを報じたため、１９２４年の発見とされることがある。しかし、ハッブルの論文が米国の天体物理学誌に掲載されたのは１９２５年のことである。

コラム１　星雲の世界

まず星雲状に見える天体の分類をしておくことにしよう。図C1・1に示すように、天の川銀河の外にある銀河と天の川銀河の中にあるガス雲の二種類に分けられる。

しかし、昔は、正確にいうと1925年よりも前は、すべての星雲が天の川銀河内の天体だと信じられていた。

この分類を見ると、天の川銀河の中にあるガス雲にもいろいろな種類があることがわかる。そこで、これらのガス雲が一体どんな姿をしているのか、まずは見ておくことにしよう。

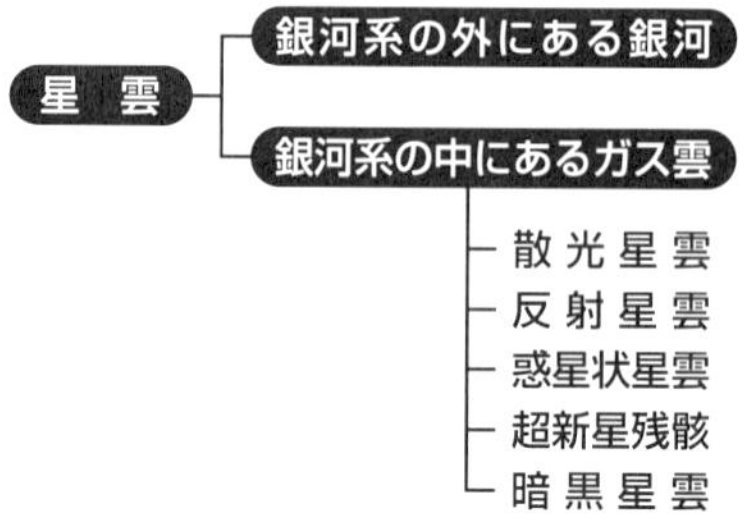

図 C1.1　20 世紀初頭までの星雲の分類. 銀河は当然のことながら現在では星雲の範疇《はんちゅう》には入らない.

散光星雲　まず、例として、オリオン星雲を見てみよう（図C1・2）。冬の代表的な星座であるオリオン座の方向に見える星雲で、空気の澄んだ所であれば肉眼でもほのかに見ることができる。きれいな模様は電離したガス雲の輝きである。この星雲の中心部には太陽よりも重い星がいくつかある。それらの星の表面温度は高く紫外線を出す。すると星の周りにあるガスは電離され、イオンになる。イオンは電子と衝突してエネルギーをもらうことができるが、エネルギーが低いほうが安定なので、光を放出して低いエネルギー状態に戻る。このとき放射される光で輝くのである。水素原子の場合は電離すると陽子と電子に分かれるが、また結合する。これを再結合とよぶ。再結合した後、やはりエネルギーの低い状態に戻っていくが、そのとき光を出す（再結合線）。可視光で最も明るい光はHα輝線とよばれ、波長は656ナノメートルであり、色は真っ赤である。Hα輝線は他の輝線に比べて非常に強いので、オリオン星雲では赤い色が目立っている。

図 C1.2　散光星雲の例，オリオン星雲. 太陽系からの距離は1500光年.（口絵参照，NASA, ESA, M. Robberto（Space Telescope Science Institute/ESA）and the Hubble Space Telescope Orion Treasury Project Team）

反射星雲　反射星雲は自分自身で光を出しているわけではない。その名前の通り、周辺にある星の光を反射して輝いて見えているものだ。惑星が自分自身で光らず、太陽の光を反射して見えているのと同じだ。

図C1・3に、その代表例としてプレアデス星団の画像を示す。刷毛ではいたようなガス雲が見えているが、これはプレアデス星団にある星の光が反射して見えるのだ。

惑星状星雲　この名前を聞いて、皆さんはぴんと来るだろうか？　私は中学生の頃、

図 C1.3　プレアデス星団の星の周りに見える反射星雲，M45. 太陽系からの距離は 410 光年.（口絵参照，東京大学 木曽観測所）

宇宙に興味を持ち始めた。さっそく、天文関係の書籍を買い求め、この言葉に出合ったとき、まったく意味がわからなかった。星雲なのに、惑星と関係があるのだろうか？ そんな疑問を持ってしまったのである。

望遠鏡を買ってもらい、天体観測を楽しむようになって、ようやくその意味がわかった。星は望遠鏡で見ても、点のようにしか見えないが、火星や木星などの惑星は形がわかる。つまり、惑星状という言葉は、望遠鏡で見ると惑星のように見えるということだったのだ。

それにしても、紛らわしい名称である。惑星状星雲の研究者の間でも、この名称はよくないという議論があるそうだ。しかし、一度ついてしまった名称は、なかなか変えられないようだ。

最も有名な惑星状星雲は、こと座の方向に見えるM57である。通称、リング星雲（図C1・4）。画像を見ると納得できる。小さな望遠鏡でも、その姿を楽しむことができるので、ぜひ挑戦してほしい。M57の画像を見てわかるように、惑星とはもちろん無縁である。先ほど述べたように、ただ、その形が惑星のように明瞭に見えるだけだ。

惑星状星雲は星の進化の終末期にできるガス雲の姿である。太陽程度の質量を持つ星は、死期が近づくと膨らんで赤色巨星とよばれる星に進化していく。大きくなった分、星の表面の重力が弱くなり、星からガスが周辺に流れ出していく。その一方で、星の中心部はだんだん縮んでいき、温度が上がる。重力で潰れないために、電子の圧力（縮退圧）で星を守ることになる。このような状態の星を白色矮星とよぶ。白色矮星の表面温度は1万度を超えるため、紫外線が出る。この紫外線が星の周りに出ていったガスを電離して輝かせるのである。美しい惑星状星雲のでき上がりというわけだ。数十億年後、太陽の周りにも美しい惑星状星雲ができているだろう。はたしてどんな形をした星雲になるのだろうか？　太陽系の住人としては気になるところだ。

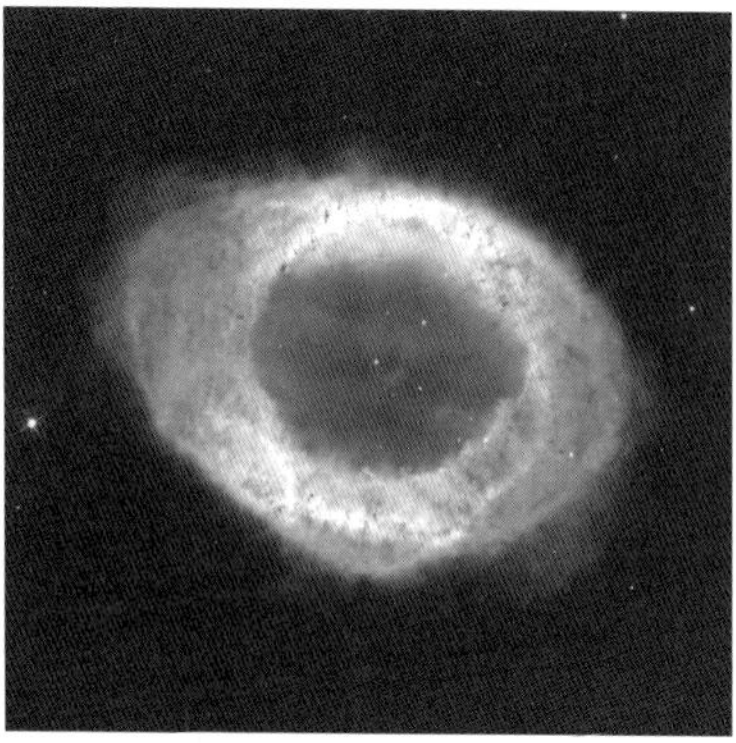

図C1.4　惑星状星雲の例，M57． 太陽系からの距離は2600光年．（口絵参照，NASA, ESA, the Hubble Heritage（STScI/AURA）ESA/Hubble Collaboration）

超新星残骸　次は、超新星残骸。太陽の10倍以上の質量を持つ星は、最後に大爆発を起こして死ぬ。超新星とよばれる現象である。星の最後が新しい星というのも変だが、大爆発のおかげで、突然明るく輝き出すので、新しい星が生まれたように観測されるために名づけられたものである。

　超新星残骸の代表格は「かに星雲（M1）」である（図C1・5）。かに座ではなく、おうし座の方向に見える。名前の由来は形を見るとすぐわかる。まるで、カニの甲羅のような形をしているからだ。かに星雲をつくった超新星爆発は1054年に起こった。藤原定家の記した『明月記』にその記録が残っている。何事も正確に記録しておくことは後世のためになるということだ。

　超新星爆発はまさに大爆発で、ガスの飛び散るスピードは秒速数千キロメートルにもなる。そのため、ガスは激しくぶつかり、電離される。電離されたイオンが明るい輝線放射を出すので、美しい星雲として観測される。

図 C1.5　超新星残骸の例，かに星雲. 太陽系からの距離は7200光年.（口絵参照，NASA, ESA, J. Hester and A. Loll（Arizona State University））

暗黒星雲　最後に紹介するのは暗黒星雲である。いままで紹介した星雲は反射星雲を除くと、みな自分自身で輝いている。ところが、暗黒星雲は輝きもせず、反射もしていない。光を吸収することで、シルエットとして見えているのだ。

　最も有名な暗黒星雲はオリオン座の方向に見える馬頭星雲である（図C1・6）。まさに虚空に浮かぶ馬の首のように見える。自然の造形美には頭が下がる。馬の首の部分には何もないわけではない。逆に冷たい分子ガスや塵粒子（ダスト）がたくさん詰まっている。それらが背景からやってくる星々の光を遮るので、シルエットとして見えるのだ。

　暗黒星雲は光っていないといったが、この表現はじつは正確ではない。確かに、可視光では光っていない。しかし、暗黒星雲の中にある分子やダストは赤外線や電波で見ると光って見える。暗黒星雲の冷たいガスの中では、これから星が生まれようとしている。そのため、星がどのように生まれるかを探るには、暗黒星雲の性質を調べることが大切である。

図 C1.6　暗黒星雲の例，馬頭星雲． 太陽系からの距離は 1600 光年．（口絵参照，NASA, ESA, and the Hubble Heritage Team（STScI/AURA））

コラム2　シャプレーとカーチス

まず、シャプレー。彼は若い頃きちんとした学問を学ぶことなく過ごした。しかし、一念発起して、ミズーリ大学に入学することができた。普通、大学に入るときは何を学ぶかを決めているものだが、彼の場合は違った。いまとは時代が違っていたこともあるのかも知れない。入学してから学科案内を見てみると、アルファベット順に学科が並んでいた。最初に出てきた学科はArcheology。アーケオロジーと発音するが、考古学のことだ。シャプレーはなんとこの学科名を読むことができなかった。次のページをめくるとAstronomyとあった。今度は意味がわかる。天文学だ。「よし、これだ!」なんと、こんな理由で彼は天文学を学び始めたのだ。いまの時代ではあり得ないような話である。学科を決めるとき、たいていは自分の興味や将来の就職などを考慮して決める。ともあれ、古きよき時代だったのだろう。

一方、シャプレーの大論争の相手、カーチスは普通に大学に入り、天文学を修め、名門のヴァージニア大学で博士号を取得した。その後、リック天文台で天文学の研究を続け、1912年には太平洋天文学会の理事長にもなっている。筋金入りの天文学者という感じだ。

おとめ座銀河団にある楕円銀河(当時は星雲)の中心からジェットが出ていることを発見したのはカーチスであった。その発見は、1918年。グレート・ディベートのわずか2年前のことだった。

第2章
銀河の王国

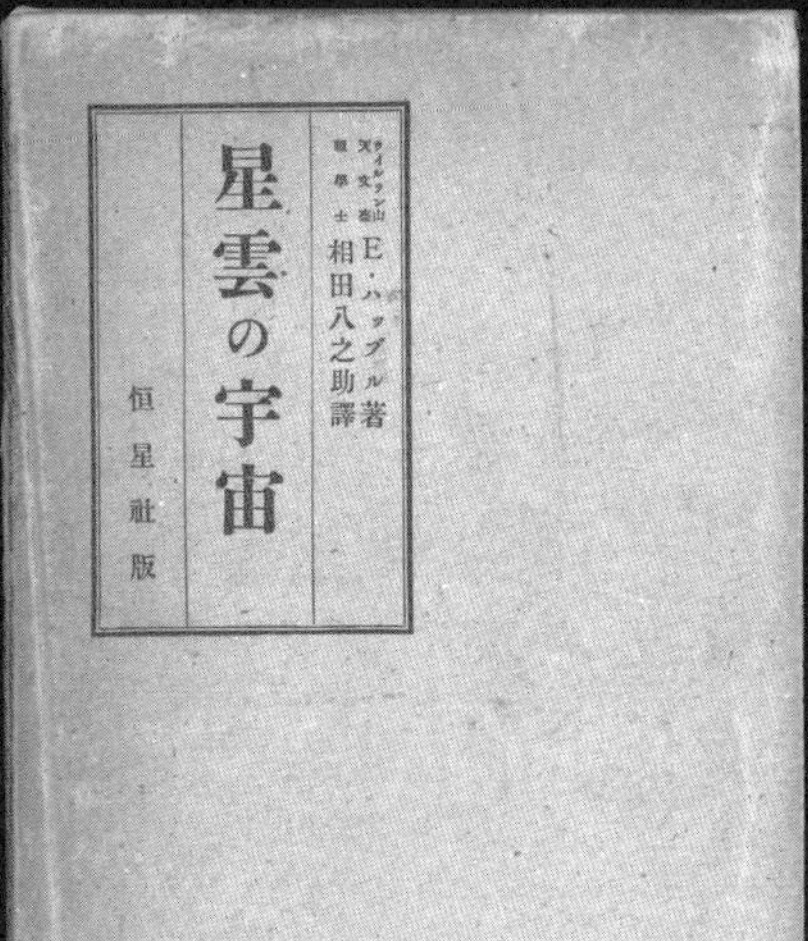

古書店で筆者が見つけた『星雲の宇宙』. ハッブル著の“The Realm of the Nebulae”が出版されたわずか1年後に邦訳された．この本に収められている銀河の形態分類は，現在でも銀河研究のガイドラインとなっている．
（『星雲の宇宙』恒星社厚生閣，1937）

2-1 銀河とは何か

銀河の性質

私たちは天の川銀河という銀河に住んでいる。ところで、銀河とは何だろうか？

一言でいえば、銀河は約1000億個もの星からなる、巨大な天体である。私たちにとって、星といえばまず太陽が思い浮かぶ。ただ、太陽はごく普通の星で、天の川銀河の中には太陽と同じ質量を持つ星だけでも1億個はある。

銀河は巨大であるといったが、どのくらい大きいのだろうか？　銀河の典型的な大きさは10万光年。つまり、仮に光のスピードで進むことのできるロケットに乗ったとしても、横断するのに10万年もかかる。銀河旅行は、残念ながら私たちには無理だ。

銀河にあるものは星だけではない。さまざまな温度や密度のガスがある。温度や密度に応じて、分子、原子、イオン、電子などが分布している。また塵粒子（ダスト）もある。銀河といっても、じつは多様な星とガスからなっている。

ところで、銀河はどのくらい重いのだろうか？　日頃こんなことを考えることはないが、考え始めると、気になってくるものだ。

まず星が1000億個もあるので、星の質量だけでも非常に重い。太陽の質量は2×10^{30}キログラムであることはすでに述べた。単位をトンにしても、2×10^{27}トン。１億トンの１億倍の１億倍の１０００倍になるが、想像もつかない重さである。仮に銀河の中にある星が全部太陽だとすると、星の総質量は2×10^{27}トンの１０００億倍、2×10^{38}トンである。ガスの質量は星の質量の10％ぐらいなので、2×10^{37}トン。また、ダストの質量はガスの１％で、2×10^{35}トンだ。なんだか気が遠くなってくるような数字が並んでしまった。

では、これですべてかというと、そうではない。銀河を取り囲むように正体不明の暗黒物質（ダークマターとよばれている）があり、この質量は星の総質量の数倍もあることがわかっている（第４章参照）。暗黒物質はどんな波長帯の電磁波で見ても、見ることができない不思議な物質である。そのため「暗黒」という言葉が使われている。いまのところ正体不明だが、私たちのまだ知らない素粒子の一種だろうと考えられている。[7]

ということで、銀河は巨大で重い天体であることがわかった。宇宙全体では１兆個もの銀河があると考えられている。実際に数えたわけではないが、いままでに行われて来た宇宙の観測から推定された個数である。

そんなにたくさんある銀河は宇宙の中で、どのような状態で存在しているのだろうか？　す

7　英語の名称ダークマターのダークは「暗い」というより「わからない」という意味で用いられる。したがって、ダークマターは「わからない物質」というほうが正確である。

ごく重いので、どこかに落ちていっているのではないかと心配になるかもしれない。しかし、おおざっぱにいえば、一つの銀河は宇宙のある場所に固定されていると考えてよい。秒速数百キロメートルで動いてはいるが、広い宇宙にあっては、止まっているようなものである。したがって、宇宙全体で考えると、広大な宇宙に1兆個の銀河がぽっかりと浮かんでいるようなイメージを持てばよい。

ただ、重力、つまり万有引力は遠距離力で、遠く離れていても働く。したがって、正確にいえば、宇宙の中にある銀河は互いに重力を及ぼし合っていることは事実だ。しかし、そのために銀河同士がどんどん近づくということは、普通は起こらない。ところが、比較的近くにある銀河では、重力の影響が無視できない。

天の川銀河とアンドロメダ銀河の距離は250万光年である。つまり、光の速度、秒速30万キロメートルで進んだとしても、到着するのに250万年もかかる距離だ。こう聞くと、かなり遠い印象を受ける。しかし、いままでに見つけられた最も遠い銀河は134億光年の彼方にある。それと比較すれば、あまりにも近い。そのため、天の川銀河とアンドロメダ銀河には衝撃的な運命が待っているのだ。

2-2 銀河の形

ハッブル、再び

私が「天文学者になってみたい」という夢を抱いたのは、銀河の姿がとても美しく感じられたからだ。宇宙そのものも不思議だ。しかし、どうして宇宙には美しい銀河がたくさんあるのだろうか？　そんな素朴な疑問が私を天文学の世界に導いてくれたことになる。中学三年生の頃のことだった。

図 2.1　パロマー天文台の口径 150 cm のシュミット望遠鏡を操作するエドウィン・ハッブル
(Carnegie Institution of Washington)

考えてみれば、ずいぶん単純な動機で天文学者を目指したものだと思う。ただ、どういう職業を選ぶかという判断は、意外とこんな単純な動機に基づくものなのかもしれない。前の章で紹介したシャプレーの例もある。やはり、人生、「塞翁が馬」ということなのだろうか。

しかし、世の中、私のように能天気な人間ばかりではない。確固たる信念の下に職業を決める人がいる。米国の生んだ偉大な天文学者の一人であるエドウィン・ハッブル（1889−1953）である（図2・1）。彼も紆余曲折はあったようだが、天文学で一旗揚げたいと願った人物だった。

ここで、彼の業績を並べてみることにしよう。

アンドロメダ星雲が、天の川銀河とは独立した一つの銀河であることを発見した（1925年）
↓天の川銀河が宇宙のすべてであるという概念を打ち破った

宇宙が膨張していることを発見した[8]（1929年）
↓ビッグバン宇宙論のヒントになった

銀河の分類体系を構築した（1936年）
↓銀河研究のガイドラインを与えた

いずれも現代宇宙論や銀河天文学の礎となるような偉業である。やはり、志を高く掲げて仕事を選ぶものなのだと感じ入ってしまう。なぜなら、彼の偉業が私たちに宇宙を理解する道を与えてくれたようなものだからだ。彼の名著“The Realm of the Nebulae”はまさに銀河研究におけるバイブルのようなものだ（図2・2）。

さて、銀河の美しさと多様さとをうまく表現したのが、銀河のハッブル分類とよばれるものである（図2・3）。1936年に提唱されて以来、[9]なんと21世紀のいまでも銀河の形態を調べるガイドラインになっている。

図 2.2　ハッブルの名著“The Realm of the Nebulae”

分類することの意味

銀河の形態は銀河を理解するうえで大切である。銀河の形は銀河の中で、星々がどのように分布しているかで決まる。なぜそのように分布しているのか？　それが銀河の成り立ち

8　宇宙膨張の発見はベルギーのジョルジュ・ルメートル（1894-1966）であり、論文の公表はハッブルの論文に先立つこと2年、1927年のことだった。発表はベルギーの学会誌であったが、ハッブルの論文と同レベルのデータで宇宙膨張の議論がされていることが確認されている。この件に関する論文はMario Livio によりネイチャー誌に発表されている（第479巻、171-173頁）。

9　銀河の分類に関する論文は1926年に出版されている。ただし、図2・3の分類図は1936年に刊行された“The Realm of the Nebulae”で公表された（図2・2）。

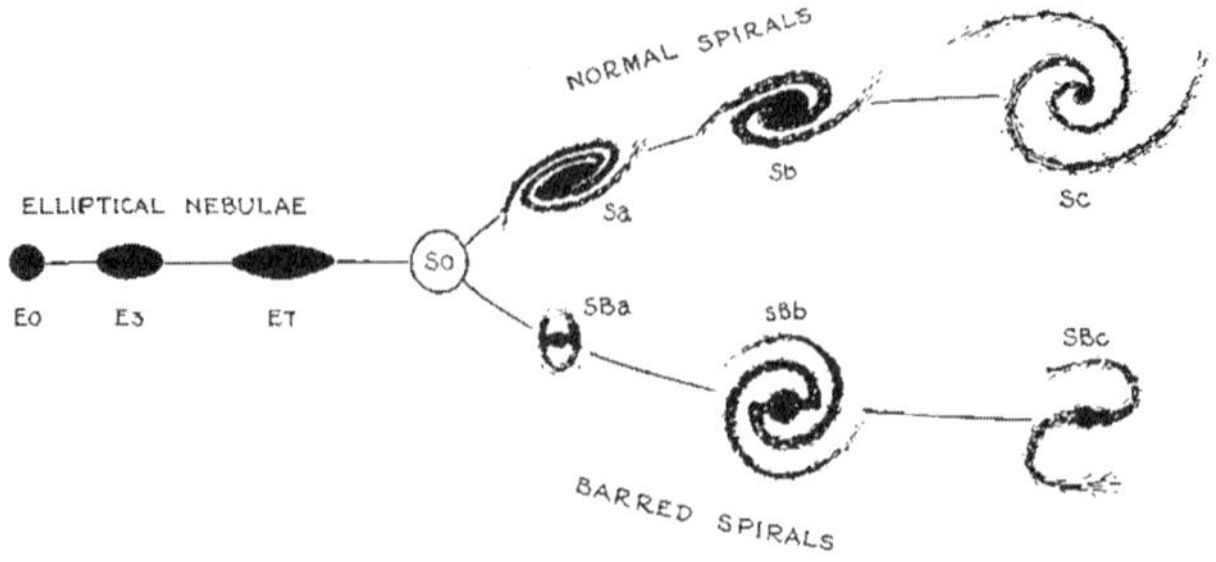

図 2.3　“The Realm of the Nebulae” の Fig.1 に与えられている銀河のハッブル分類． もちろんこのときにはまだハッブル分類という言葉はない．したがって，図のタイトルは「星雲のタイプの系列」になっている．
（E. P. Hubble, 1936）

を教えてくれる。ハッブルもそう考えていたのだろう。

私たち人間は一人ひとり、顔立ちや性格が異なる。それと同じように、銀河も極めて個性的である。そして、どれ一つとっても魅力的だ。しかし、その多様な銀河もハッブルの慧眼《けいがん》にかかると、大きく二種類の形態で分類されてしまう。楕円銀河と円盤銀河（渦巻銀河）だ。たった二種類。これでいいのか？　じつは、これでいい。なぜなら、本質を見極めたいのなら、まずはざっくりと分類するほうが得策である。

ではなぜ、分類するのだろう？　それは、分類対象の起源を理解するためだ。生物がそのよい例である。動物でも植物でも分類され、名前がついている。しかし、名前をつけることが目的ではないことは明らかだ。犬と猫は何が違うのか？　ヒトは猿やチンパンジーと何が違うのか？　まさに「種の起源」である。つまり、銀河を分類するということは「銀河の起源」を調べたいからだ。

銀河のハッブル分類

ここで、銀河のハッブル分類に立ち返ろう（図2・3）。この図の左の横一列に並べられているのは"elliptical nebulae"である。つまり、日本語では楕円銀河だ（nebulaeなので正確には楕円星雲であるが、星雲は銀河に昇格したので、以降は楕円銀河と表記する）。一方、右側に二股に分かれているのは、渦巻銀河だ。渦巻銀河は二つの系列に分岐しており、上側が普通の渦巻銀河、下側が棒渦巻銀河である。

つまり、まとめるとハッブル分類は以下の三種類の銀河から構成される。

楕円銀河
渦巻銀河
棒渦巻銀河

図2・4に銀河のハッブル分類の図（図2・3）に実際に観測されている銀河の画像を入れたものを示す。本書のメインテーマであるアンドロメダ銀河はこの図の中でどこに位置するのだろうか？　気になるところだが、まずはさまざまな銀河の性質を理解することが大切だ。それを終えてから、アンドロメダ銀河の形を考えてみることにしよう。

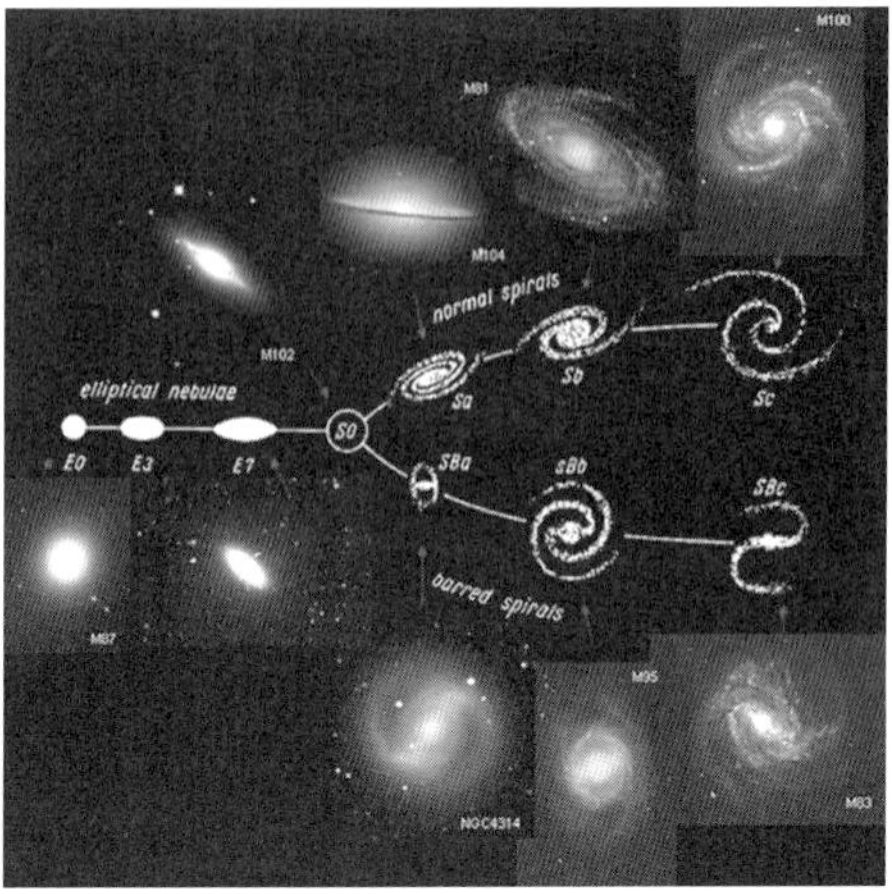

図 2.4　銀河のハッブル分類. 中段に示された図がハッブル分類（“The Realm of the Nebulae”（1936）：翻訳は『銀河の世界』（岩波文庫・青 941-1，戎崎俊一訳）．分類体系の上下には，分類に対応する実際に観測されている銀河のイメージを示した．（『宇宙を読む』中央公論新社，2006）

謎のS0銀河

ところが、これら三種類の銀河で終わりではない。図2・3を見るとわかるが、ハッブルの銀河分類には楕円銀河と渦巻銀河の中間にS0銀河というカテゴリーの銀河が位置づけられているからである。

じつは、ハッブルが分類体系を提案したときにはS0銀河のカテゴリーに属する銀河はなかった。しかし、ハッブルは楕円銀河と渦巻銀河の間には不連続性があると感じ、それを嫌った。そのため、仮説的なカテゴリーとしてS0銀河を設定したのだ。

しかし、いまでは多数のS0銀河が実際に見つかっている（図2・5）。ハッブルの慧眼には本当に驚いてしまう。

図 2.5　S0 銀河の例. NGC 3115：真横から見た S0 銀河の例．円盤には暗黒星雲の兆候がない（左）．これは円盤にガスやダストがほとんどないためである．NGC 4382：斜め上から眺めた S0 銀河の例（右）．バルジを取り囲む円盤はあるが，そこに渦巻は見えない．（SDSS の画像から作成）

S0銀河の性質をまとめると以下のようになる。

円盤構造を持つ
しかし、渦巻構造はない

渦巻銀河の渦構造は円盤状の恒星の集団がつくり出している。この円盤は銀河円盤とよばれる。つまり、渦巻銀河と棒渦巻銀河はまとめていえば、円盤銀河である。結局、S0銀河は円盤銀河であるが、渦巻銀河ではないということだ。

ハッブル分類を整理する

ここで、銀河のハッブル分類に出てきた銀河をいま一度まとめてみよう（図２・６）。

銀河はまず、楕円銀河と円盤銀河の二種類に大別される。楕円銀河はこれ以上細かな分類は必要ないが、円盤銀河はさらに細かく分類され、S0銀河、渦巻銀河、そし

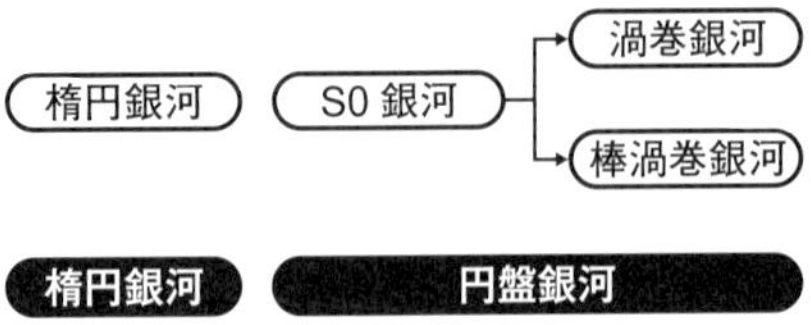

図 2.6　ハッブル分類における円盤銀河の位置づけ

て棒渦巻銀河がある。

ところが、S0銀河にはじつは棒状構造を持っているものがある。そのため、SB0というタイプがあることになる。さすがのハッブルもそこまでは思いが至らなかったようだ。ということで、正しくは、図2・7になる。

銀河の形は何が決めるのか

では、円盤銀河と楕円銀河の違いは何だろう？　はたして、氏か、育ちか？　つまり、生まれ方そのものが違うのか、あるいは最初は同じような構造をしていたが、進化の過程で二種類に分化したか、という問題である。ここでは、とりあえず、円盤銀河と楕円銀河の違いについて見ておくことにしよう。

これら二種類の銀河の違いを理解するキーワードは二つある。それは「回転」と「速度分散」である。銀河の円盤の中にある恒星はその銀河の中心の周りを公転運動している。すべての恒星がそうなので、銀河円盤全体を見れば回転運動（自転）をしている。

たとえば、太陽は天の川銀河の中心から約2万6000光年離れた場所

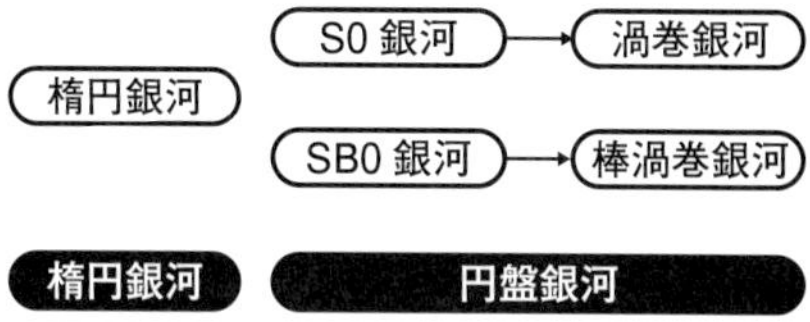

図2.7　ハッブル分類における円盤銀河の「正しい」位置づけ

に位置しているが、天の川銀河の中心の周りを約2億年かけて一周している。

銀河の円盤は、なぜ回転運動しているのだろうか？　それは、銀河円盤の元になった原始ガス雲が角運動量を持っていたためである。ただ、現在観測される巨大な銀河が一気にできたとは考えられていない。生まれたときは、現在の数十分の一から数百分の一くらいの大きさしかなく、それらが順次合体して育ってきたのである。そうすると、角運動量の起源は最初から持ち合わせていたものではなく、小さな銀河の種の合体で獲得されたと考えるほうが自然である。小さな銀河の持っていた軌道角運動量が合体してできた銀河の角運動量に転換されるのである。こうして、長い期間を経て、回転する銀河の円盤ができたのである。

速度分散については、次の楕円銀河の節で説明することにしよう。

2-3 楕円銀河の世界

楕円の程度、扁平率

銀河のハッブル分類の図を見ると（図2・3と図2・4）、楕円銀河には丸い形から、扁平な楕円の形をしたものがある。丸とか楕円は二次元の形だが、もちろん楕円銀河の本当の形は三次元構造である。ただ、私たちは楕円銀河を天球面に投影して見ているので、丸や楕円に見えている。

楕円銀河は英語でelliptical galaxiesなので、タイプの名前としては「E」の文字が使われる。図2・3をよく見ると、E0、E3、E7という表記がある。Eの後についている数字は楕円の扁平率に関連する数字だ。

楕円の扁平率eは楕円の長半径aと短半径bを用いて定義される（図2・8）。楕円銀河の形態はE0からE7に細分類されているが、Eの後についている数字、0とか7の数値はeを10倍した値になっている。つまり、E10eが用いられている。

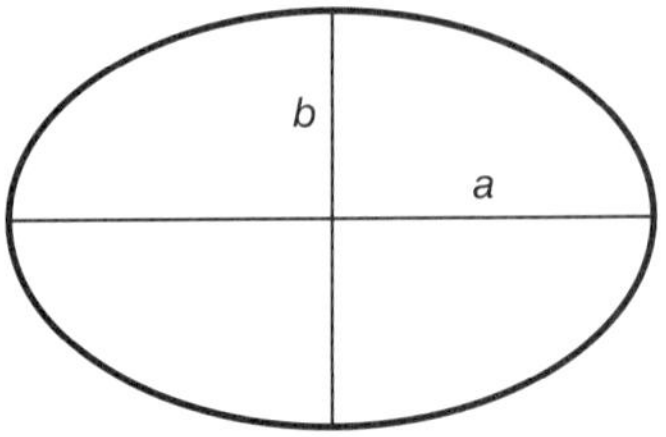

図2.8　長半径aと短半径bの楕円. 扁平率eは$e=(a-b)/a$で与えられる.

では、E8、E9、そしてE10はないのだろうか？　これは当然湧

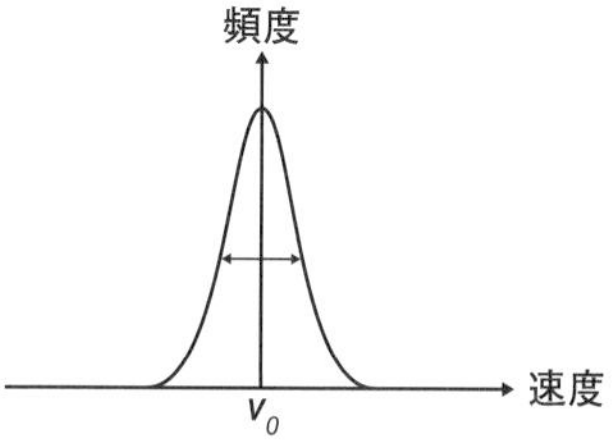

図2.9　銀河のある領域（たとえば中心領域）にある星々の速度分布を調べると，平均的な速度 v_0 の周りに速度のばらつきが観測される． このばらつきは星々のランダムな速度で生じているが，それが速度分散の目安になる．速度の頻度の最大値の半分の位置に⟷があるが，これは半値全幅（最大頻度の半分の値における分布の全幅；FWHM と表される）とよばれ，速度のばらつき（速度分散）の目安を与える．

いてくる疑問だ。まず、E10だが、これは $b=0$ の場合に相当する。つまり、楕円ではなく直線になる。横から見ているとしても、完全な平面（円盤）だ。さすがにそんな銀河は宇宙に存在しない。一方、E8とE9は原理的にはあり得る形状である。しかし、かなり扁平な構造になり、じつは力学的に不安定であることが理論的に調べられている。ということで、そういう形状の楕円銀河が生まれたとしても、ばらばらになって壊れてしまい、力学的に許される新たな形状の銀河に形を変えていく。おそらくは、ばらばらに壊れた塊が合体して、普通の楕円銀河になるだろう。

速度分散

先ほど、銀河の形を決めるキーワードは二つあり、回転と速度分散であるという話をした。回転については話をしたので、ここでは速度分散の話をすることにしよう。

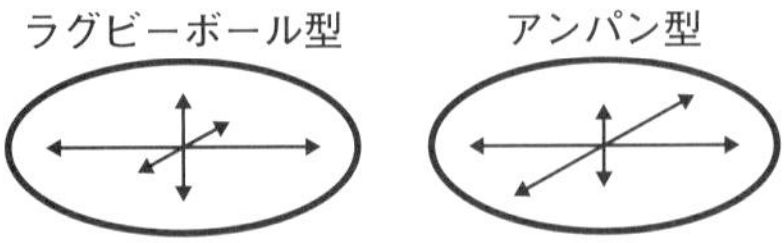

図 2.10　楕円銀河内の恒星の速度分散． 平たい形状のアンパン型では二つの方向で速度分散が大きい（右）．ラグビーボール型では一つの方向だけ速度分散が大きい（左）．

楕円銀河の形状は丸い形から比較的扁平に見えるものまで、いろいろある。ところで、楕円銀河は回転運動をしているのだろうか？　多少は回転しているものの、多くの場合、回転運動は少ない。

では、どのようにしてその形を維持しているのだろうか？　それが星の集団としてのランダムな速度の大きさである。これは速度分散とよばれる量だ（図2・9）。

楕円銀河の形はどの方向で速度分散が大きいかで決まっている（図2・10）。球形をした楕円銀河の場合、各方向でのランダム速度（つまり、速度分散）が同じになっている。一方、比較的平たい（アンパン型とよぼう）楕円銀河の場合は、二つの直交する方向（たとえば x、y 方向）で速度分散が大きく、その二つの軸に直交する方向（z 方向）では小さくなっている。これは図2・10の上のパネルにある状況だ。一方、一つの軸の方向だけで速度分散が大きいと、ラグビーボールのような形状になる。これは図2・10の左のパネルにある状況だ。

このようにして楕円銀河の形を星の速度分散で理解すると、楕円銀河には次の三種類の形態があることになる。

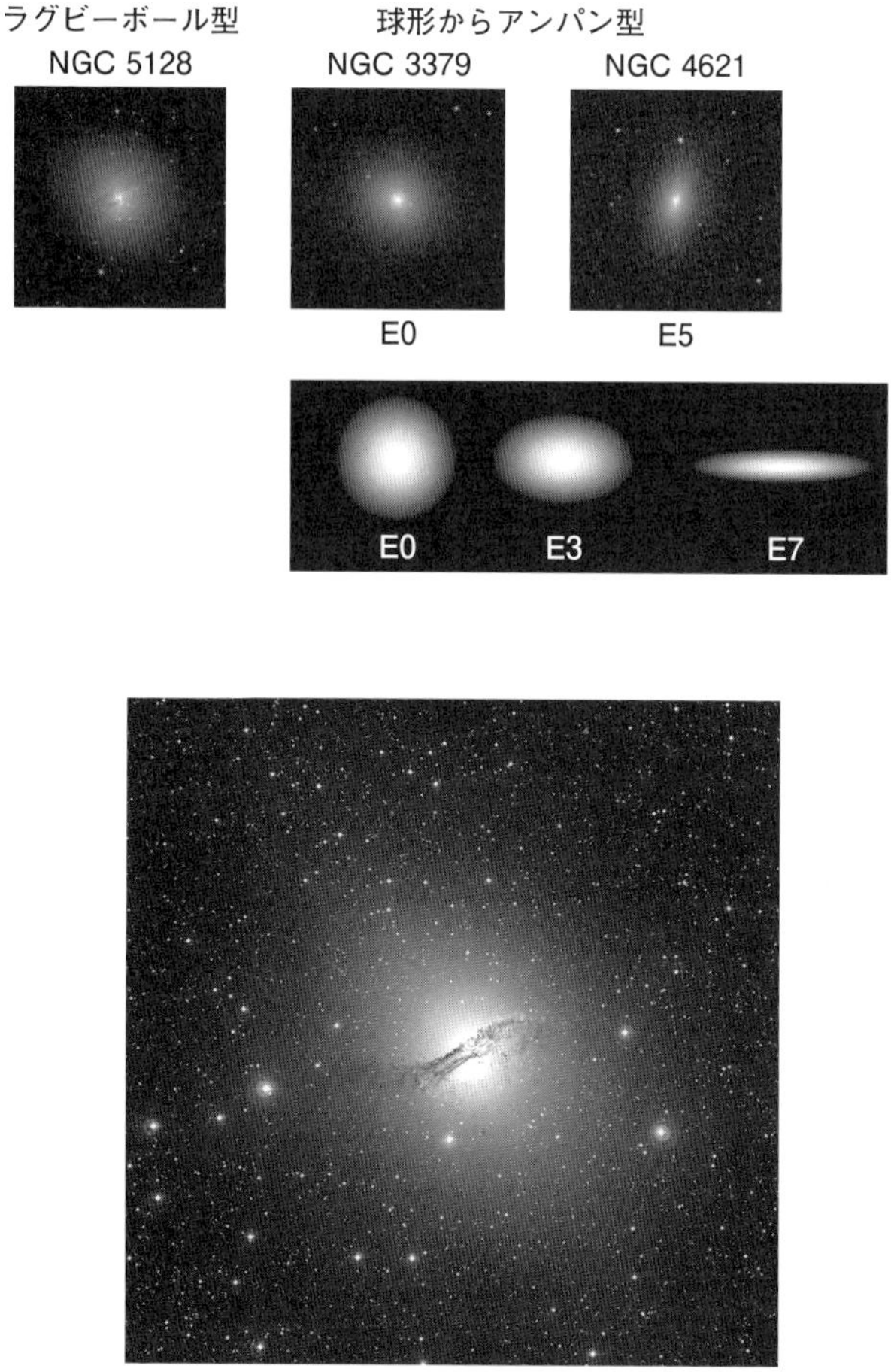

図 2.11　楕円銀河で観測される三種類の形態（上）．ラグビーボール型のNGC 5128 は図の上下方向に伸びた構造を示す（下）．（ESO）

球形

アンパン型

ラグビーボール型

そして、実際にこれら三種類の形態が観測されている（図2・11）。

ラグビーボールのような形をした楕円銀河あることには驚かれたかもしれない。しかし、楕円銀河の見かけの形には気をつけなければいけない。図2・12を見てほしい。三種類の楕円銀河の見かけの形態を分類してみたものである。

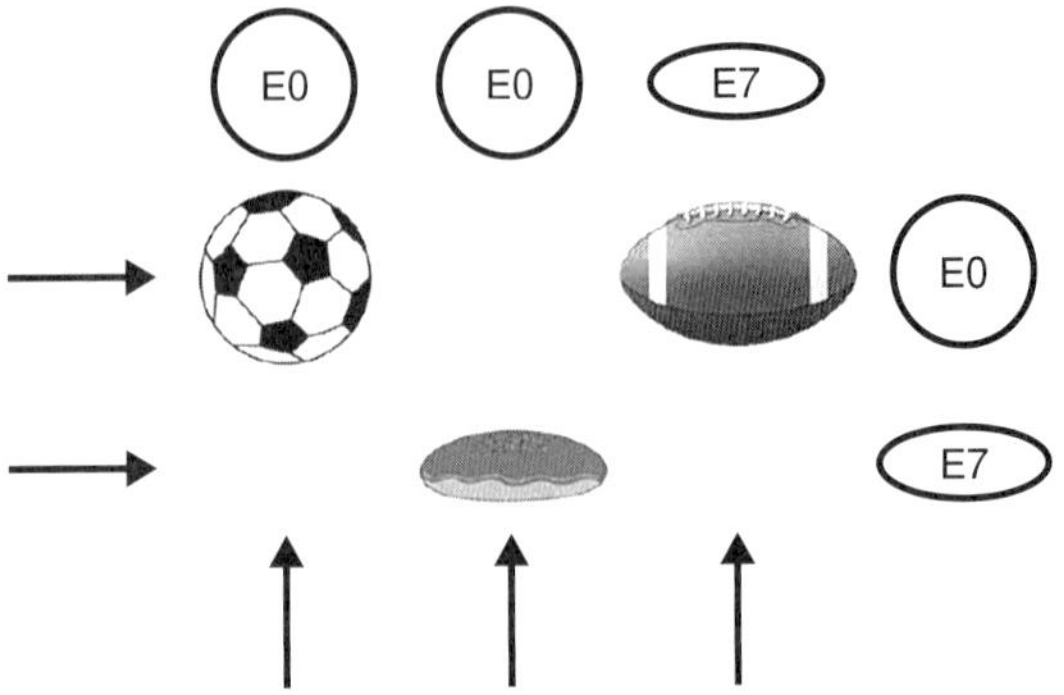

図 2.12　三種類の楕円銀河の見かけの形態

アンパン型の場合、横から見れば平たい楕円銀河であるが、下から見れば丸に見える。一方、ラグビーボール型の場合、下から見れば平たい楕円銀河であるが、ボールを横から見れば丸に見える。

つまり、E0と分類されていても、真の形状としては球形、アンパン型、ラグビーボール型の三種類あるということだ。私たちは一つの銀河を見る場合、一つの視線に沿って見るしかない。あらゆる方向から眺めて真の姿を確かめることはできない。そのため、楕円銀河の真の姿を調べるときには、分光観測（スペクトル観測）をして、銀河内の星々の運動を調べる必要があるのだ。

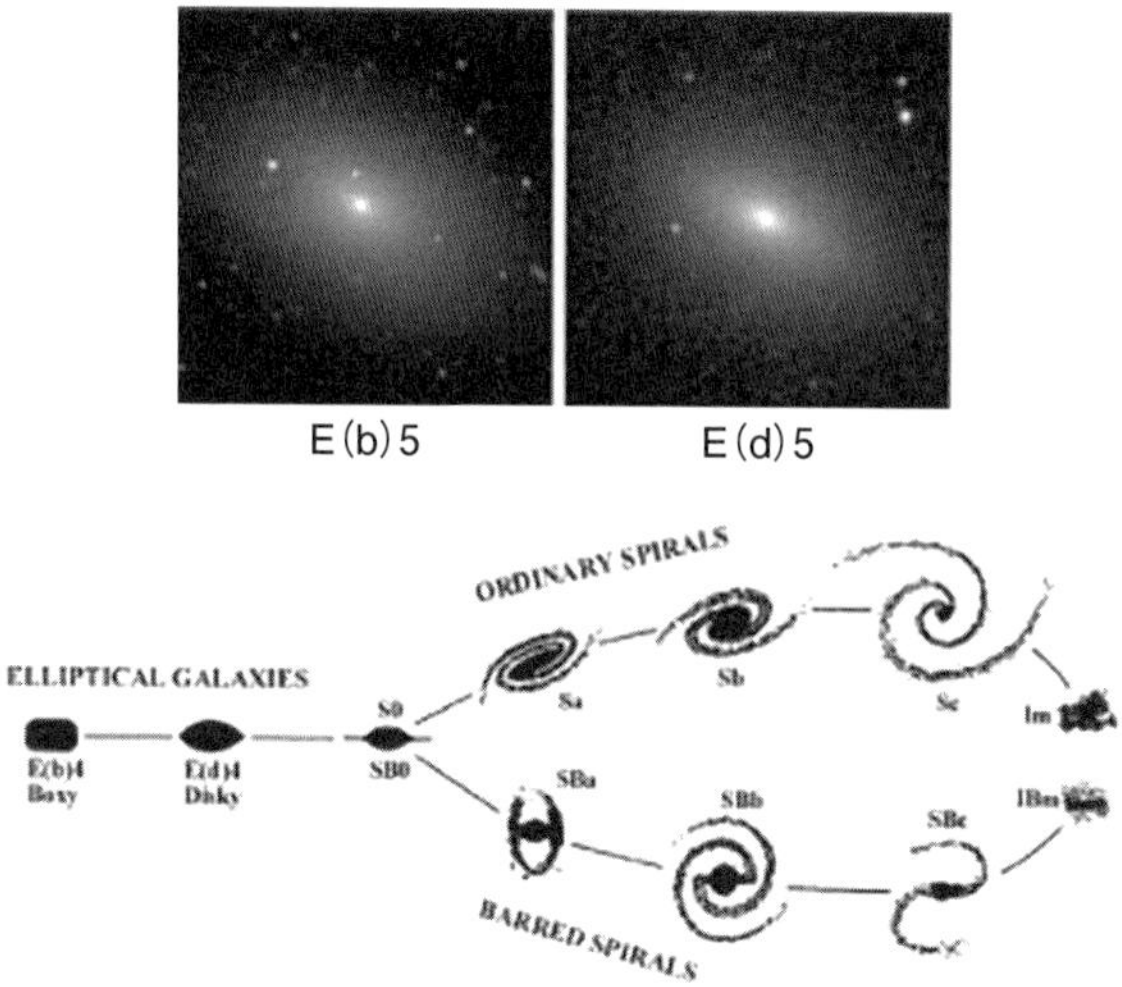

図 2.13　箱型（boxy）と円盤型（disky）楕円銀河の例（上）．左のＥ（b）５が箱型（長方形のような形）で，右のＥ（d）５が円盤型の例である．箱型と円盤型楕円銀河を入れたハッブル分類改訂版（下）．（SDSS）

箱型もある

さて、楕円銀河では恒星の運動は回転ではなく速度分散が卓越していると述べた。しかし、なかには回転運動が大きなものもある。そこで、楕円銀河の形態を詳細に調べてみると、二種類の楕円銀河があることがわかってきた。一つは箱型楕円銀河、もう一つは円盤型楕円銀河である（図2・13左）。

これらは形態に差があるだけでなく、含まれている恒星系の運動状態も異なることがわかっている。円盤型楕円銀河では予想通り回転運動が卓越し、箱型楕円銀河では速度分散が卓越しているのである。

両者はおそらく成因が異なるのだろう。まだよく理解されているわけではないが、銀河の分類体系にこの両者を区別しようという動きがある（図2・13右）。どうも楕円銀河は一筋縄では理解できないようだ。形は単純だが、じつは奥深い銀河だったのだ。

2-4 次は渦巻

渦巻銀河の世界

私たちのイメージする渦巻銀河とはどんなものだろう。多くの人は思うのは、きれいな2本の渦がくっきりと見える銀河だろう。

そこで、まずはハッブル分類の図に戻ってみよう（図2・14）。これを見ると、渦巻銀河は棒状構造の有無にかかわらず、2本のきれいな渦巻が描かれている。

さまざまな渦巻

しかし、図2・4に示したように、現実の渦巻銀河は必ずしもそうはなっていないように見える。そこで、図2・15に、現実の渦巻銀河の画像を示した。

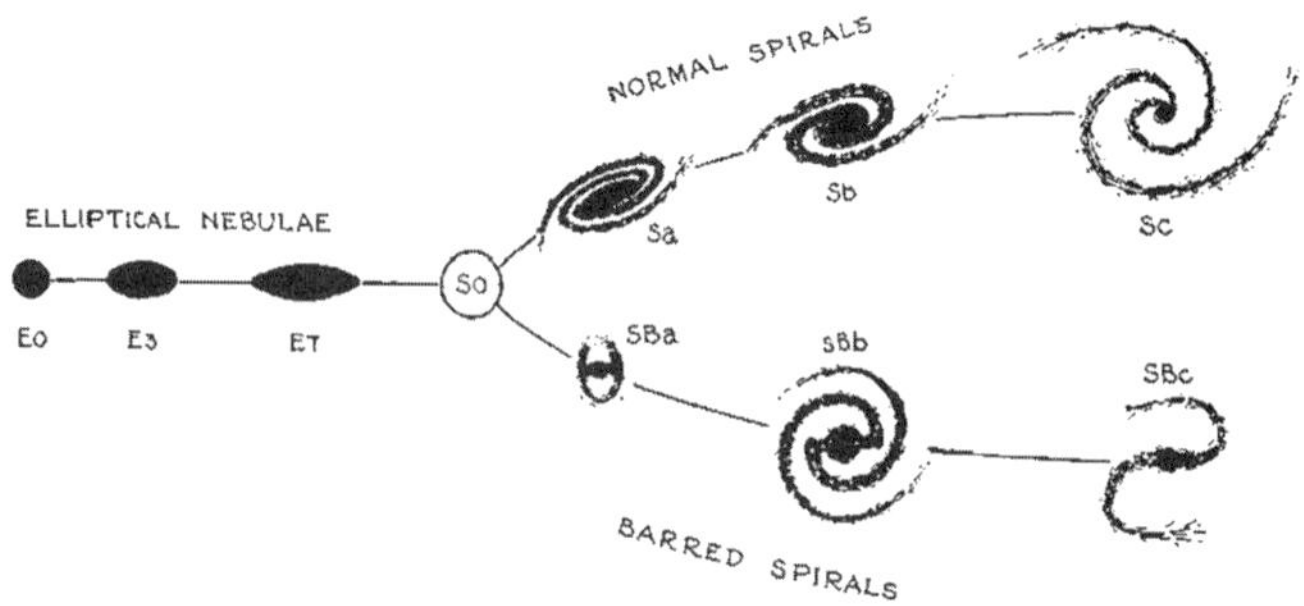

図 2.14　銀河のハッブル分類（図 2.3 を再掲）（E. P. Hubble, 1936）

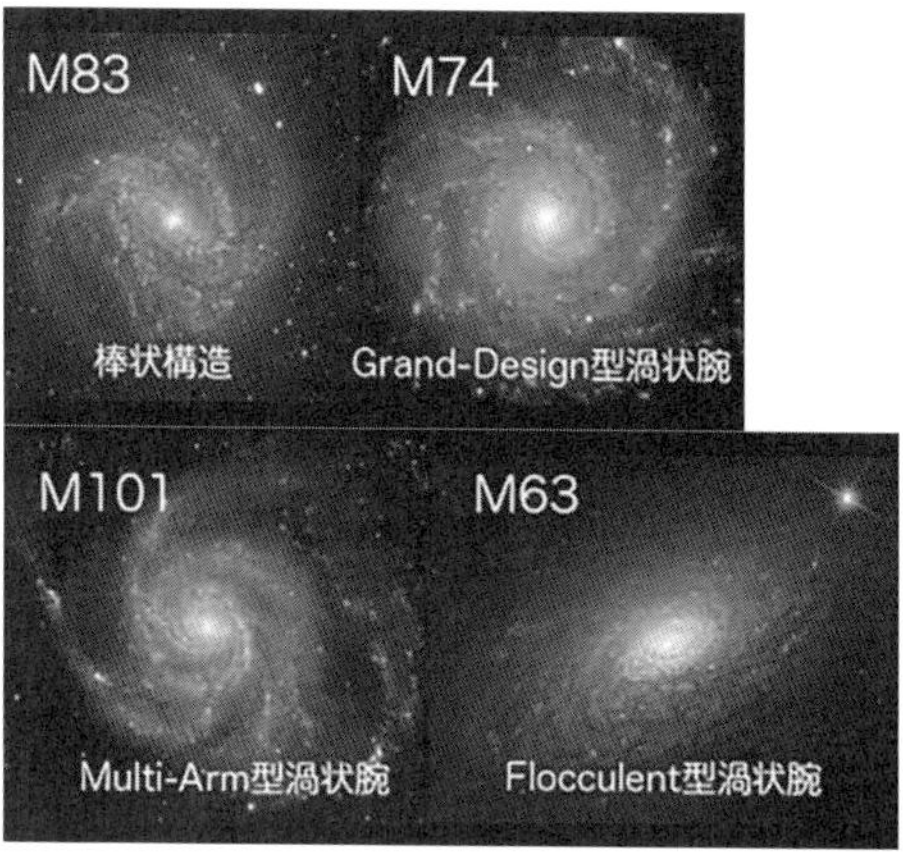

図 2.15　渦巻の多様性. M83（左上）：棒渦巻銀河の渦巻の例．M74（右上）：2 本の渦巻の例．M51 の項目でのちほど述べるグランド・デザイン（grand design）は渦巻構造のよい例である．M101（左下）：3 本以上の渦巻が見える例でマルチプル・アーム（multiple arm）構造とよばれる．M63（右下）：はっきりした渦巻構造がなく，羊の毛のような淡い波立ちが見える例．これらはフラキュラント・アーム（flocculent arm）とよばれる．
（口絵参照，SDSS の画像から作成）

腕が2本ある渦巻構造が顕著に見られるのは上側の二例（M83とM74）だけである。腕が3本以上の渦巻を持つマルチプル・アームや（M101）、羊の毛のようなフラキュラント・アームを持つものまで（M63）多彩である。つまり、渦巻銀河の渦巻構造はハッブルの分類図にあるような単純なものではないということだ。このような渦巻の多様性については、棒渦巻銀河のところで再び見ることになる。

ここで渦巻銀河（円盤銀河）の構造を見ておくことにしよう（図2・16）。円盤の他に、中央部に明るく見えるのがバルジである。図2・14のハッブル分類の図にも渦巻銀河にはバルジが描かれている。実際、図2・15の銀河にも、それぞれ中央部に明るい構造が見えているが、それらがバルジである。

図 2.16　渦巻銀河の構造. 基本構造はバルジ，円盤，そしてハローである.

じつは、このバルジは結構曲者で、円盤と同じように回転しているものもあれば、円盤と回転速度が異なるものもある。また、含まれている星々は円盤部にあるものと比べると老齢である。つまり、バルジと円盤は形成時期や形成のメカニズムが異なっていると考えたほうがよい。

また、バルジと円盤を取り囲むように「ハロー」とよばれる広がった構造がある。ハローは円盤の数倍ぐらいの大きさがある。主として見えるのは球状星団であるが、第2章の冒頭で述べたように、ダークマター（詳しくは第4章を参照）の住みかである。

2-5 ときどき棒

棒渦巻銀河の世界

棒渦巻銀河は銀河の円盤部に棒状の構造がある渦巻銀河のことである。図2・15に棒渦巻銀河の例として、M83を示したが、図2・17にその他の例も示した。棒状構造といっても銀河ごとに形状は微妙に異なっている（図2・4も参照）。

棒状構造は渦巻もつくるが、リング構造もつくる。リング構造も個性的で、図2・16を見るとわかるように、円盤の内側にあるインナー・リングと外側にあるアウター・リングという、二種類のリング構造がある。NGC１３００（図2・17左上）にはリングは見えないが、渦巻がもう少し巻きついていくとリング構造ができそうな気配がある。

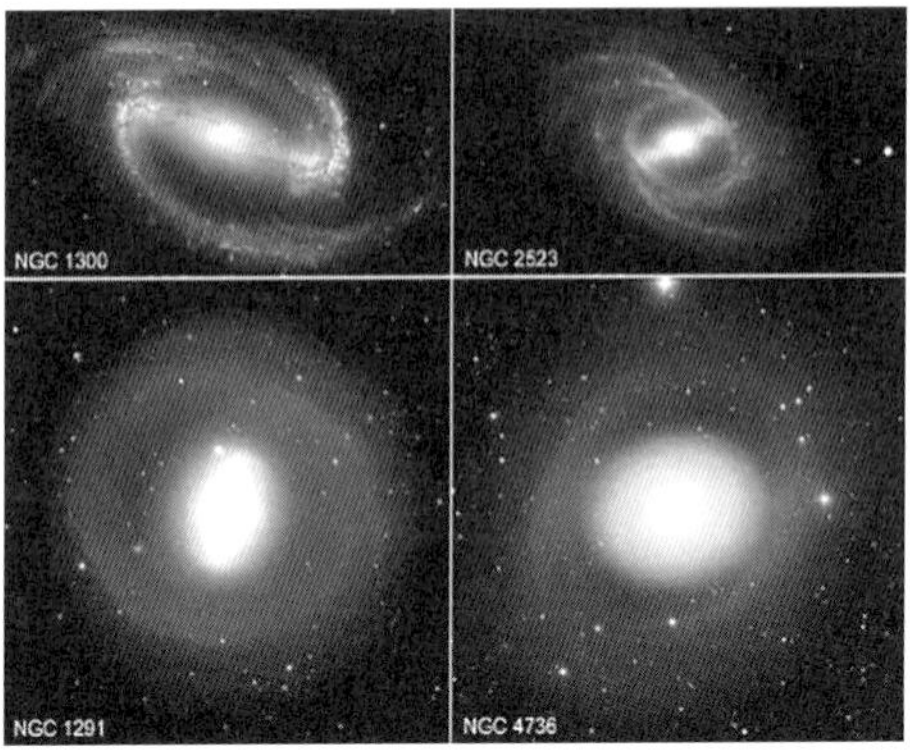

図 2.17　さまざまな棒渦巻銀河. NGC 1300（左上），NGC 2523（右上），NGC 1291（左下）．NGC 4736（右下）は棒渦巻銀河ではなく普通の渦巻銀河であるが，銀河全体を取り囲むリング構造が NGC 1291 に類似しているので参考のために載せた．これらのリング構造はアウター・リングとよばれる．一方，NGC 2523 にもリング構造が見えるがこれは円盤の中にあるのでインナー・リングとよばれる．（SDSS）

棒は連続的に

　棒渦巻銀河の棒状構造は図2・17に示したような、ご立派な棒状構造だけとは限らない。なかにはよく見ないと棒状構造に気がつかないこともある。つまり、棒状構造が弱ければ、普通の渦巻銀河に見えてしまうのだ。

　このことに着目したのがフランスのジェラルド・ドゥ・ヴォークルール（1918–95）である。彼は銀河の形態分類の研究分野で大きな功績を挙げた天文学者の一人である。銀河のカタログづくりでも、その名を挙げた人物だ[10]。

　彼は棒状構造と渦巻構造は対立する構造ではなく、連続的に変化するものではないかと考えた（図2・18）。そこで棒状構造を持たない渦巻銀河にはSAという

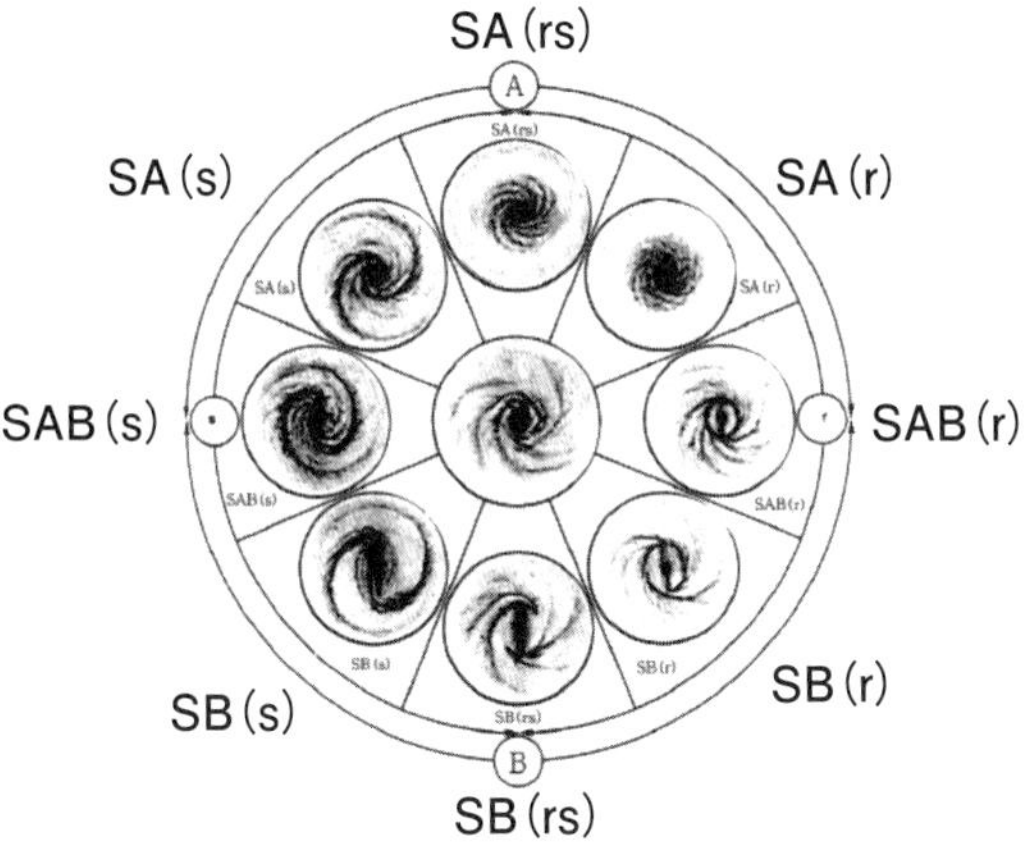

図2.18　ドゥ・ヴォークルールの円盤銀河の分類法
(G. de Vaucouleurs, 1959より改変)

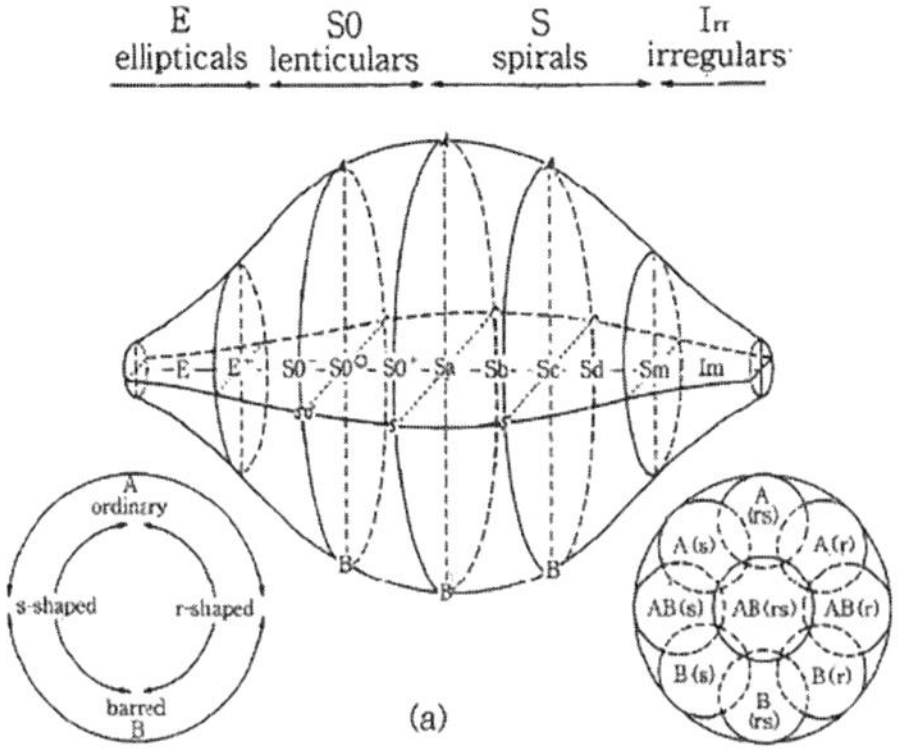

図2.19　ドゥ・ヴォークルールの全種類の銀河に対する分類法. 胴の太さは銀河の個数に比例するように描かれている．この図ではSaが最も多いことを示している．
(G. de Vaucouleurs, 1959)

10　Reference Catalogue of Bright Galaxiesという名前のカタログを製作した。このカタログは第3版まで出版された。私が大学院生の頃は第2版がよく使われており、RC2の名前でよばれていた。

名称を与え、棒渦巻銀河はSB、そしてその中間としてSABというカテゴリーを設定した。また、円盤内部に見られるリング構造（インナー・リング）にも着目し、これについては渦巻との連続性を導入した。リングはr、渦巻はs、そしてその中間がrsという具合である。

その集大成が図2・19である。さすがに細かすぎるような気がするが、多くの天文学者の関心を引いたことは事実であった。

星でできた円盤は安定か

ところで、銀河の円盤部に棒状構造ができる原因は何なのだろうか？　最初に答えを出したのは二人の大御所ともいえる天文学者、エレミア・オストライカー（1937-）とジェームズ・ピーブルス（1935-）だった。

彼らは星の集団としての銀河円盤は不安定で、棒状構造をつくりやすいことに気がついた。つまり、放っておけば円盤銀河はすべて棒渦巻銀河になってしまうことになる。しかし、近傍の宇宙にある円盤銀河のうち、半分は棒状構造を持たない普通の渦巻銀河である。そこで、彼らは逆に棒状構造ができない条件を考えてみることにした。

彼らの得た結論はこうだ。

銀河を取り囲むハローにたくさんの物質がありそれが円盤を守っている

じつは、これは正しい答えだった。銀河のハローにはダークマターがたくさんあることがわかったからだ。しかし、そのことが観測的に立証されたのは１９８０年代以降のことだ。彼らの慧眼には驚かされる。やはり、理詰めで考え抜くことが大切なのだ。

彼らのあとに続いて、多数の銀河円盤のコンピュータ・シミュレーションが行われるようになったが、オストライカーとピーブルスが研究していた１９７０年代の初めはまだコンピュータの能力が低かった。そのため銀河円盤に配置できる星の数はたかだか数百個程度でしかなかった。しかし、その後の研究で星の数を増やしても、本質的には同じ答えが得られたのである。

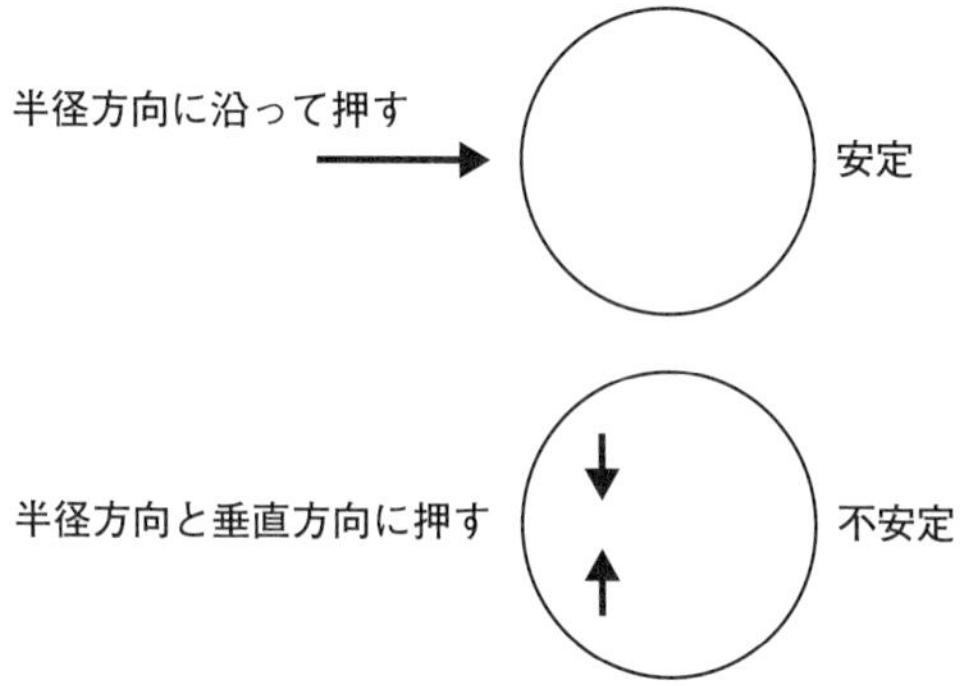

図 2.20　星からなる銀河の円盤が不安定な理由

では、なぜ星からなる銀河の円盤は不安定なのだろうか？　それは星からなる銀河の円盤はあくまでも星の大集団であり、いわゆる剛体のような構造を持っていないためである。ここで、剛体とは形を変えることのない構造である。皆さんが知っている円盤状の剛体といえば、フリスビーのようなものを想像してもらえればよい。また、碁石でもよい。星からなる銀河の円盤はある意味でふにゃふにゃな円盤である。とても力学的に安定して存在できるものではない。

ここで思考実験をしてみよう。星からなる銀河の円盤を叩いて見る。図2・20を見てほしい。もし、動径方向（半径方向）に揺らしてみたらどうなるだろう。図2・20上に示したように、円盤を半径方向に沿って、そっと押してみる。すると、押しの強さに応じて円盤はいったん縮むが、また元に戻ろうとする。それは角運動量が保存されるからだ。結局は半径方向に振動した後に、元に戻るだろう。ところが、半径方向と垂直に押すと、そうはいかない（図2・20下）。角運動量の保存による効果（回復する力）が働かないからである。結局、押された方向に変形し、そのままになる。それが棒状構造となるのだ。

衝突する銀河

もう一つ、棒状構造をつくるメカニズムがある。それは銀河の遭遇だ。銀河同士が近づいてくると、互いの重力で銀河の円盤に潮汐力が働く。このおかげで、美しい棒状構造ができることがシミュレーションで示されたのである。潮汐力の原理については3-4節で詳しく述べるので、そちらを参照していただきたい（図3・13も参照）。

多数の星からなる銀河の円盤は、剛体ではない。したがって、ちょっとした擾乱《じょうらん》にも敏感で、不安定になる。そのため、銀河の円盤は棒状構造をつくりやすい運命にあるのだ。

2-6　最後は不規則

不規則銀河の世界

宇宙を眺めると、楕円銀河でもなく円盤銀河でもない銀河があることに気づく。当然、ハッブルもその存在に気づいていた。規則的な構造を持たない銀河ということで、それらは不規則銀河とよばれるようになった。定義はハッブルが１９２６年に与えている。

回転対称性を示さない
銀河中心核を持たない

極めて単純な定義だ。

その代表例は大マゼラン雲である（図２・21）。ちなみに小マゼラン雲も不規則銀河である。比較的軽い銀河に多いが、その総数は楕円銀河や円盤銀河に比べると少ない。比較的近くの宇宙では、不規則銀河の割合は１％にも満たない。

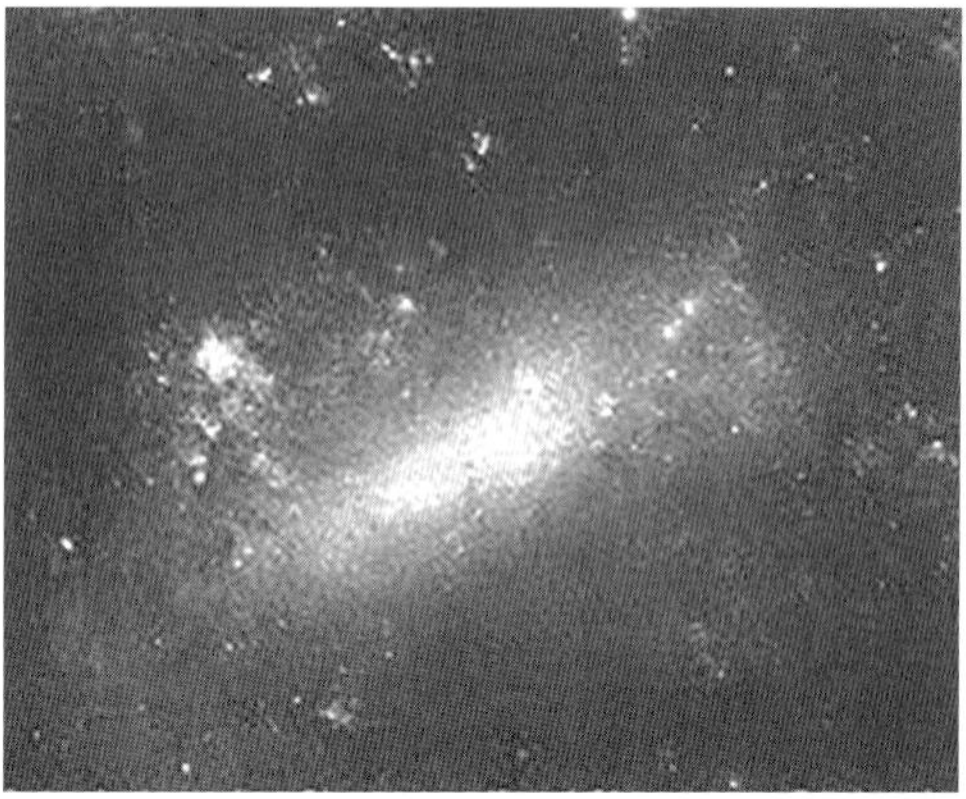

図 2.21　不規則銀河の代表例である大マゼラン雲
（Anglo Australian Telescope）

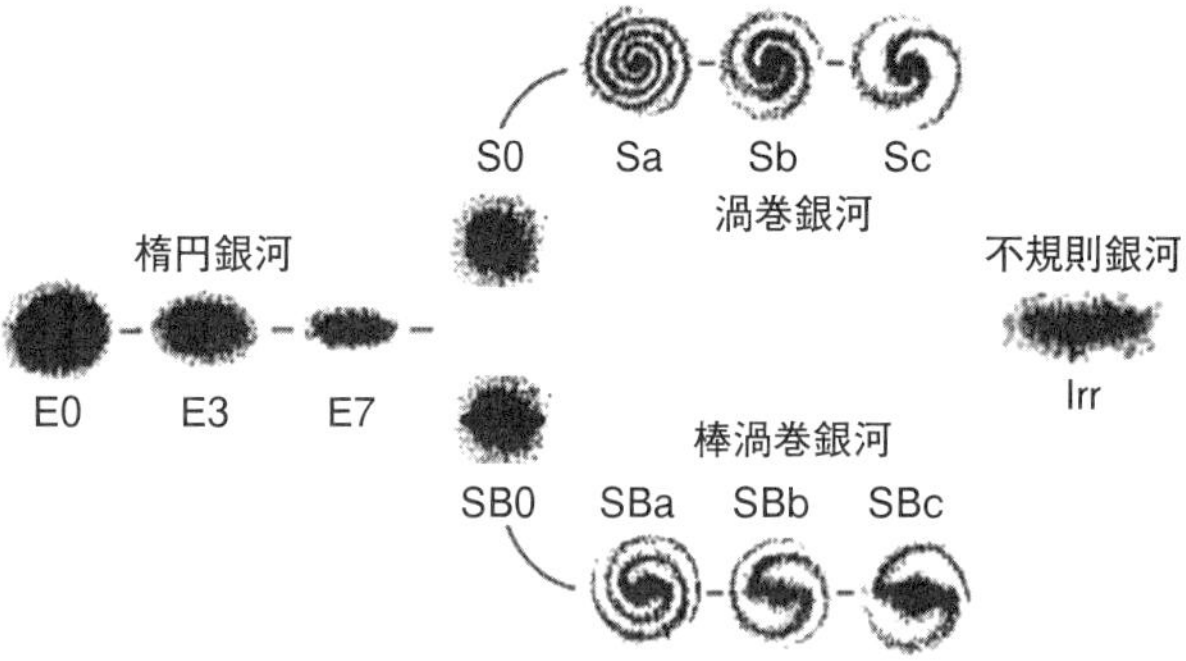

図 2.22　不規則銀河を入れた銀河のハッブル分類． この図では S0 銀河も S0 と SB0（棒状構造を持つもの）に分けて示されている．実際，SB0 銀河は存在している．（『法則の辞典』朝倉書店，2006 より改変）

ハッブル分類に不規則銀河を入れる

オリジナルの銀河のハッブル分類には不規則銀河は入れられていない。ただ、"The Realm of the Nebulae"には、少数ながら形状の不規則な銀河もあることは述べられている。

そこで、銀河のハッブル分類に不規則銀河を追加しておくことにしよう。図2・22に示すように、不規則銀河の位置は一番右端にくる。

2-7　銀河の形からわかること

ハッブルの野望

さて、ではハッブルはなぜ銀河の分類体系を提案したのだろうか？　基本的な思想は生物の分類におけるものと同じである。生物はどのように進化して（分化して）、いま見るような多様な世界を形づくってきたのだろうか？　これと同じである。つまり、銀河はどのように進化して（分化して）、いま見るような多様な世界を形づくってきたのだろうか？　まさにこの一文に尽きる。ハッブルの夢は銀河の進化を理解することだったのである。

ハッブル分類をいま一度みてみると（図2・3）、左に位置する楕円銀河は左から右へいくにつれて丸（つまり球形）から扁平な形になっていく。そして、その右に位置する円盤銀河へとつ

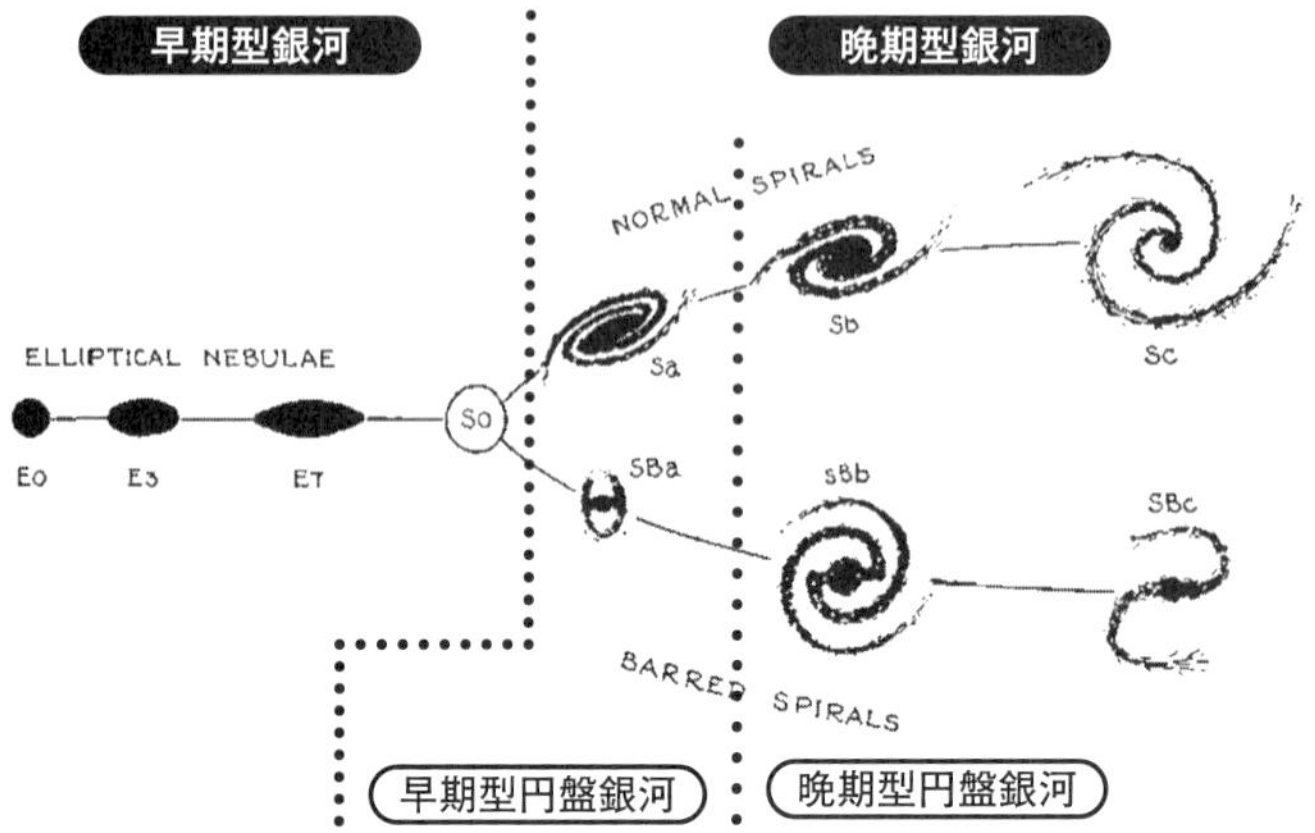

図 2.23　ハッブル分類における早期型と晩期型の再分類

ながっていく。この分類体系のまとめ方は、ハッブルは次のように考えたことを意味している。

銀河は、最初はみな球形で生まれた

しかし、角運動量（回転する能力）を持っているので、だんだん扁平になっていく

そして、円盤をつくり、最終的には右端に位置するSc、あるいはＳＢc銀河に進化していく

まさに、進化の系列である。そのため、ハッブルは楕円銀河とS0銀河は早期型銀河、それ以降の渦巻銀河は晩期型銀河と名づけた（図2・23）。この図の下に示したように、円盤銀河のなかでも早期型円盤銀河と晩期型円盤銀河と名づけたくらいである。

野望は叶わず

しかし、ハッブルの夢は叶わなかった。銀河はそんなに簡単に形を変える能力を持っていないからだ。銀河が自分自身の力で形を変えるにはどうしたらよいだろうか？　それは銀河の形が何を意味しているかを考えればわかる。銀河は基本的には星の大集団である。つまり、

銀河の形＝星の大集団の形

である。そのため、銀河が形を変えるには、多数ある星の空間分布を変えなければならない。しかも、銀河自身の力である。じつは星の空間分布を変えるのが一筋縄では行かないのだ。銀河の画像を見ると、星がぎっしり詰まっているように見える。ところが、まったくそうではない。すかすかといってよいほど、まばらに分布しているのだ。密度をイメージしてもらうために例を出すとこんな感じだ。

太平洋にスイカが二つ浮かんでいる程度

このような低い密度で存在している星同士がぶつかる（遭遇する）確率は極めて低い。うまく遭遇して星の軌道が変われば、星の空間分布も変化する。だが、密度があまりにも低すぎて、そう

うまくはいかないのだ。

もちろんものすごく長い時間をかければ少しは変わっていくが、計算してみるとざっと10^{21}年以上はかかる。宇宙の年齢は１００億年（10^{10}年）程度なので、無理であることがわかるだろう。

円盤銀河の系列の意味

ここで再び渦巻銀河の話に戻ろう。渦巻銀河の系列は

Sa → Sb → Sc

のように分類されている。同様に、棒渦巻銀河の場合は

SBa → SBb → SBc

である。この系列に従って、

渦の巻きつき具合がゆるくなる

バルジが円盤に比べて、相対的に小さくなる

星が生まれる頻度が高くなる

という性質がある（図2・24）。

なぜそうなっているかわかればうれしいのだが、事はそうは簡単にはいかない。この段階では、とりあえず分類法ということでおさめておくことにしよう。

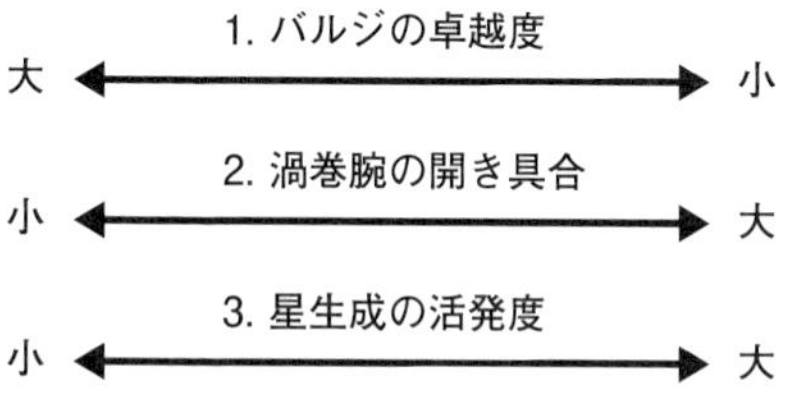

図2.24　渦巻銀河の系列とその性質

S0銀河の位置

さて、先ほど渦巻銀河と棒渦巻銀河の系列は

Sa → Sb → Sc

SBa → SBb → SBc

だと述べた。S0銀河は渦巻銀河ではないが、円盤銀河である。そこで、S0を入れて、円盤銀河の系列として拡張してよいだろうか？

つまり、次のようにできるだろうか？

S0 → Sa → Sb → Sc

SB0 → SBa → SBb → SBc

SB0銀河もあることがわかっているので、それを踏まえると、オリジナルなハッブル分類（図2・3）ではこのように系列を整理してもよさそうに思われるだろう。ところが、渦巻銀河の系列とその性質（図2・24）に合致しない。

渦巻がないので巻きつき具合を議論できない

バルジが円盤に比べて、相対的に小さい銀河から大きいものまで存在する

星が生まれる原料になる冷たい分子ガスが少ないので星がほとんど生まれない
(これは楕円銀河と共通の性質である)

唯一、三番目の性質のみ、系列の性質と合致するが、最初の二つはまったく合致しない。
渦巻銀河と棒渦巻銀河の系列の指標として、バルジの卓越度があった。このことに着目して、

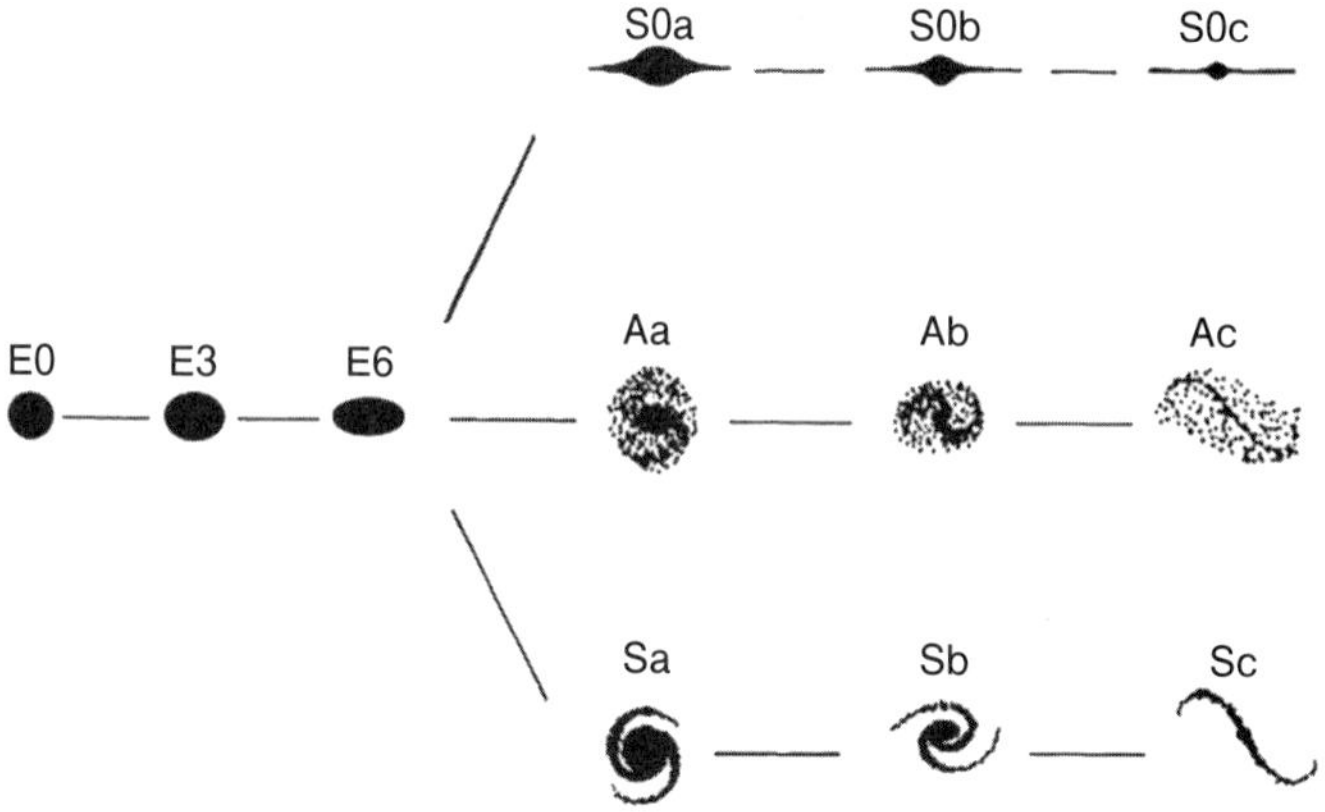

図 2.25　ファン・デン・バーグの提案したS0銀河に対するパラレル分類. S0銀河と渦巻銀河の間にある「A」というタイプは貧血銀河（anemic spiral）とよばれるタイプである．恒星をつくる原料になる冷たい分子ガス雲が少なく，星生成活動が弱いため，円盤が暗く見える．しかし，現在では貧血銀河という呼称は使用されなくなった．

カナダの天文学者シドニー・ファン・デン・バーグ（1929–）は

S0は渦巻銀河とパラレルな系列を成している

という新たな分類体系を提案した（図2・25）。

確かに、S0銀河やSB0銀河の形は多様であり、バルジの卓越度に着目すれば、ファン・デン・バーグの提案は的を射ている。銀河の形を統一的に分類するのは難しいようだ。じつは、これには理由がある。それは第3章で見て行くことにしよう。

どんな銀河が多いのか

近傍の宇宙には銀河がたくさんあるが、どのタイプの銀河が多いのだろう。調べてみると、楕円銀河、渦巻銀河、棒渦巻銀河の頻度はそれぞれ20％、40％、40％になっていることがわかっている（図2・26）。

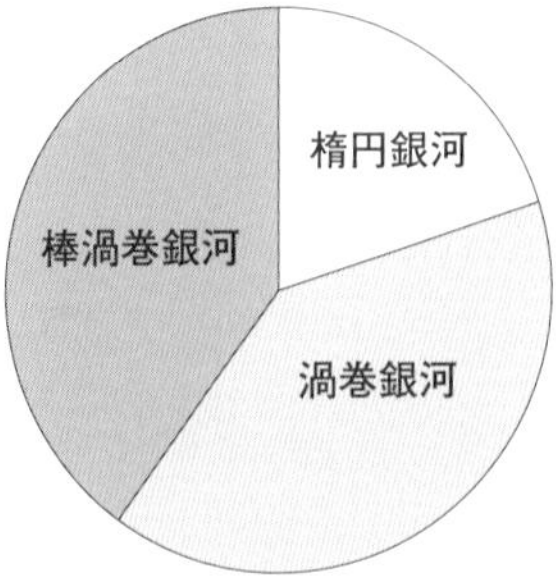

図 2.26　近傍の宇宙における銀河形態の頻度．楕円銀河，渦巻銀河，棒渦巻銀河の他にも不規則銀河とよばれるものがあるが，その頻度は非常に低いので，ここでは無視している．

ちなみに、私たちの住んでいる天の川銀河は棒渦巻銀河だと考えられている。これは天の川銀河内の星々やガスの運動の様子からわかったことである。これについては第4章でみることにしよう。

さて、近傍の宇宙における頻度を眺めると、いろいろ疑問が湧いてくる。

これらの割合はどうやって決まったのだろう？
いつ頃からこの割合になったのだろう？
これらの割合は今後変わっていくのだろうか？

これらの疑問は銀河の形を決めるという意味で、銀河の力学的な進化にかかわる重要なものだ。

ひとたび銀河の世界を垣間見ると、いままで見てきたように、気になる問題がたくさんあることがわかる。私たちは銀河のことをわかったようなつもりでいるかもしれないが、どうも銀河の世界はそれほど単純ではないようだ。

2-8　アンドロメダ銀河は何型？

さて、ここまでさまざまな種類の銀河を見てきた。最後に、アンドロメダ銀河の形を考えてみることにしよう。

ドゥ・ヴォークルールによる銀河の形態分類に従うと、アンドロメダ銀河の形態は以下のように表される。

SA(s)b

SAということは棒状構造を持たない、普通の渦巻銀河であることを意味する

(s)は図２・17で示したように、円盤の内部に渦巻があることを意味する

最後のｂはハッブル分類の渦巻銀河に対するサブタイプのｂのことである。つまり、オリジナルな分類法を使えばSbということになる

以上のことから、アンドロメダ銀河は普通の渦巻銀河で円盤内部にも小さめの渦巻を持ち、中間的なタイプに属する、ということになる。

ドゥ・ヴォークルールは銀河の形態分類では超大御所である。だから、普通はこの分類を受け入れるだろう。しかし、疑問があれば、考えることは自由だ。次の章では、その疑問について考えていくことにしよう。

第3章
アンドロメダ銀河のうずまき

すばる望遠鏡の超広視野カメラ，ハイパー・シュプリーム・カムで撮影されたアンドロメダ銀河の可視光写真　（HSC Project/ 国立天文台）

3-1 そして、アンドロメダ銀河へ

アンドロメダ銀河

それでは、本書の主人公であるアンドロメダ銀河に登場してもらうことにしよう。その勇姿を再び図3・1に示した。中心付近で明るく見えている部分は「バルジ」だ。問題はこの円盤に渦巻があるかどうかである。一見、あるような、ないような、というところだろうか。

アンドロメダ銀河にはもう一つ、有名な名前がついている。それはM31である。また、NGC224という名前もある。

このMという記号は、フランスの天文学者シャルル・メシエ（1730－1817）の名前に因んでいる。彼は太陽系内の彗星の探査をしていたが、彗星と紛らわしい天体（ぼうっと見える星雲）のリストを作成し、探査を効率的に行えるようにした。そのリストが「メシエ・カタログ」とよばれている。つまり、アンドロメダ銀河はそのカタログの31番目の天体という意味である。

ちなみにメシエはアンドロメダ銀河のスケッチを残している（図3・2）。彼が観測に使っていたのは口径5センチメートルの小さな望遠鏡だった。

一方、NGCはより系統的な星雲と星団のカタログである。18世紀、ウィリアム・ハーシェルと息子のジョンが星以外の天体を集めたカタログである〝General Catalogue〟を作成した。その後、デンマーク生まれの天文学者ジョン・ドレイヤー（1852–1926）がまとめ直し、1888年に発表した天体のカタログがNGC（New General Catalogue）である。7840個の銀河や、銀河系内の星団・星雲が掲載されている（近傍の宇宙にある重要な銀河はほとんど網羅されている）。

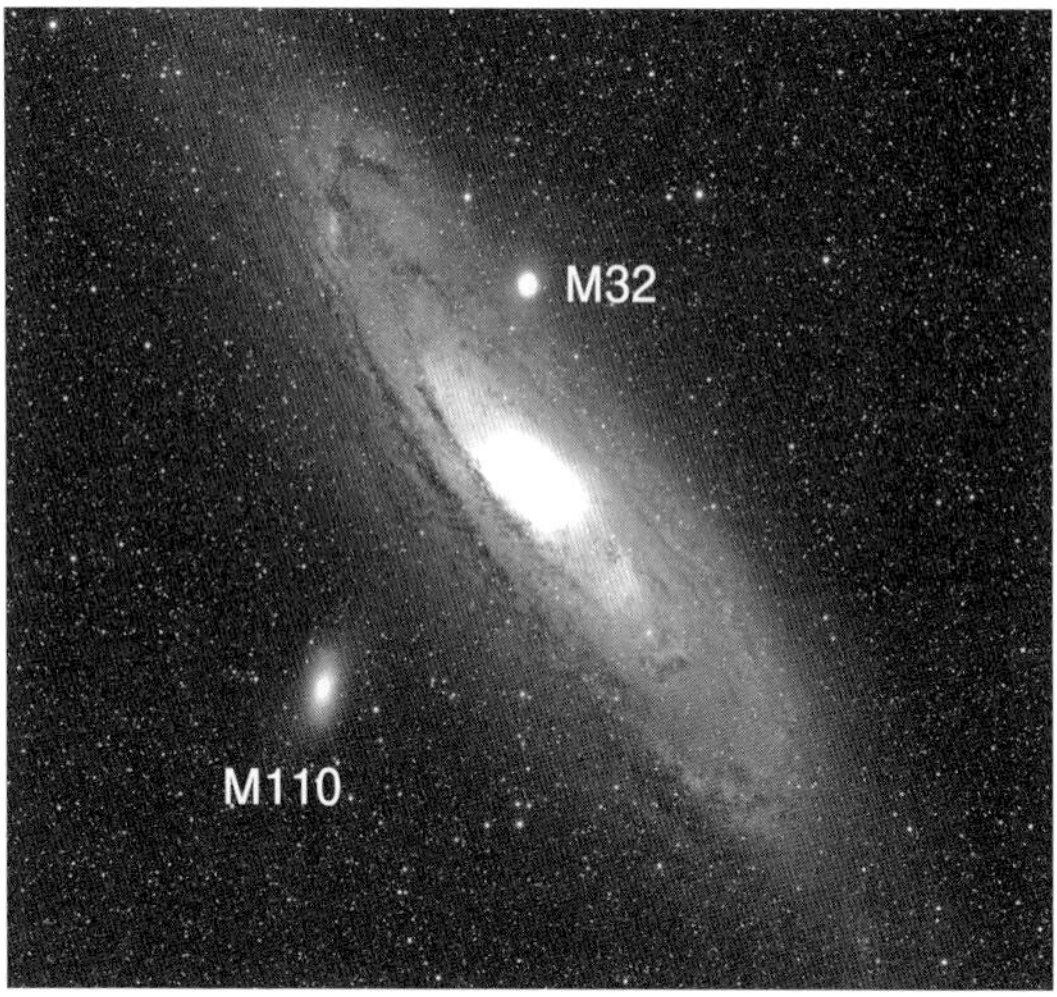

図3.1　アンドロメダ銀河の可視光写真
（東京大学 木曽観測所）

二つの寄り添う小さな銀河

図3・1の写真と図3・2のスケッチを見ると、アンドロメダ銀河のそばに二つの小さな銀河があることに気がつく。これらはアンドロメダ銀河の衛星銀河であるM32（NGC221）とM110（NGC205）である。メシエの目はこれらの姿もきちんと捉えていたことがわかる。

図3・1の勇姿を見ると、実際に自分の目でアンドロメダ銀河を見てみたくなるだろう。見るのは簡単である。まず、どの辺りにあるのか調べてみよう。

図3・3にアンドロメダ座の様子を示

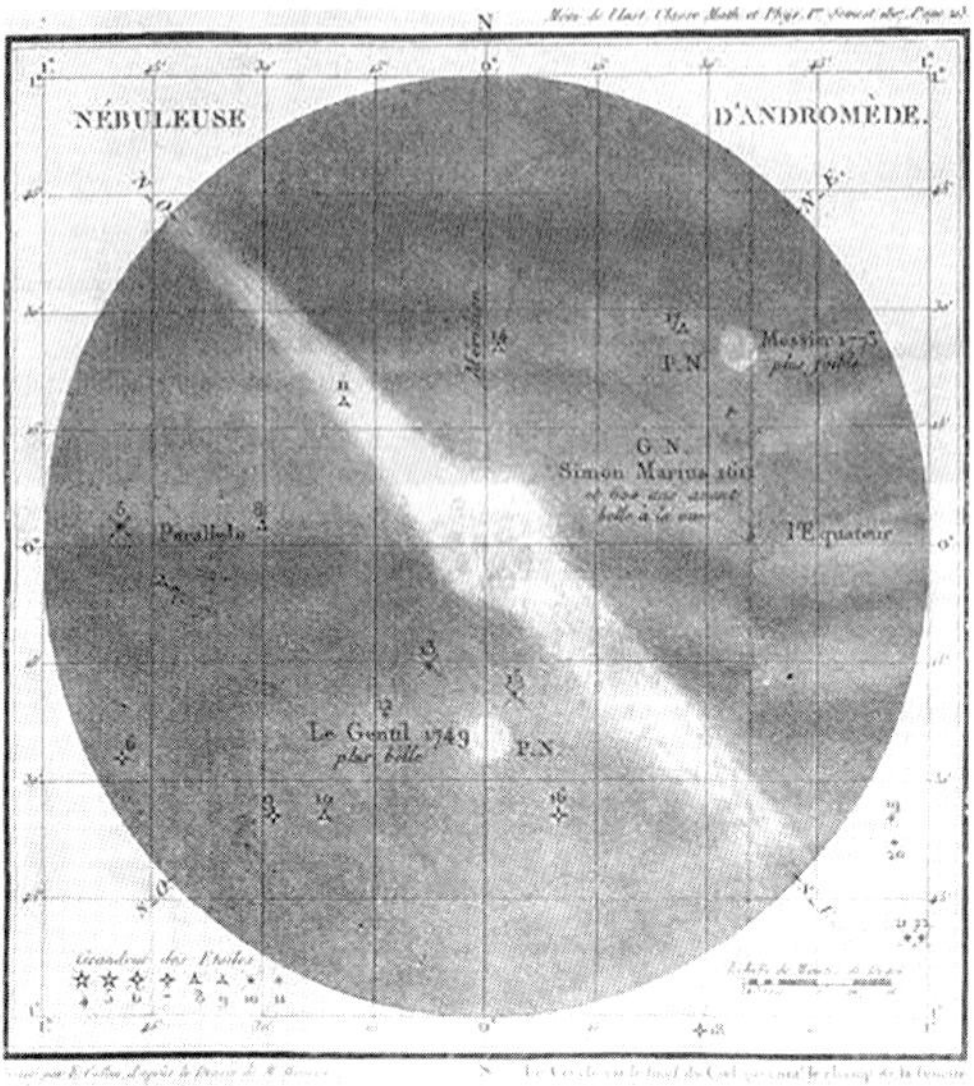

図 3.2　メシエによるアンドロメダ銀河のスケッチ

（C. Messier, 1807）

す。周辺にはカシオペア座、ペルセウス座、そしてペガスス座などがある。天文ファンでなくても、知っている星座かもしれない。

アンドロメダ銀河はアンドロメダ座のβ星を目印にすると簡単に見つけることができる。空気の澄んだところで、周りに明るい街灯などがなければ肉眼でも見える。双眼鏡があれば、なおよく見える。秋の夜空を楽しみながら、ぜひ一度、アンドロメダ銀河を眺めてみてほしい。ただし、ぼうっと見えるだけで、図3・1に示したような複雑な円盤の模様を見ることはできない。

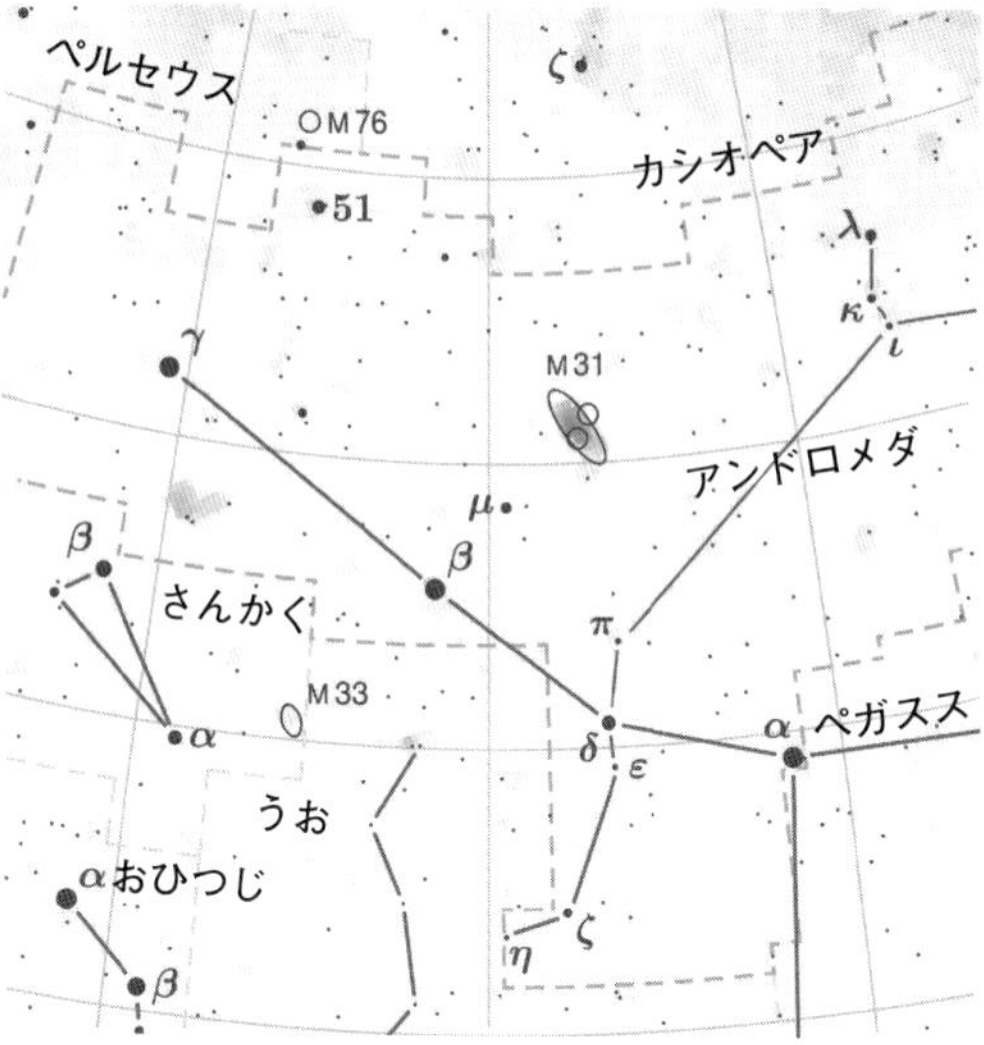

図 3.3　アンドロメダ座とアンドロメダ銀河（中央やや右寄りにある M31）．左下のほうには，さんかく座にある渦巻銀河 M33 がある．（原図：Torsten Bronger, 2003）

肉眼で眺めてみよう

アンドロメダ銀河は肉眼で見ることができるといったが、実際にはどのぐらいの明るさなのだろうか。

皆さんも聞いたことがあると思うが、星や銀河などの天体の明るさを測る単位として「等級」が使われる。夜空に一番明るく見える星は1等星。暮れ行く空に最初に見えてくる星は1等星である。[11]

等級という概念は、なんと古代ギリシアの哲学者、ヒッパルコス（紀元前190年頃から紀元前120年頃）が提案したものだ。彼は、夜空

11　実際には、1等星より明るく見える惑星（金星、火星、木星や土星）が最初に見えてくることが多い。

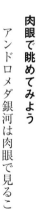

で一番明るく見える星を1等星、肉眼で見える一番暗い星を6等星としようと提案した。なぜ、5等の差をつけたのか？　それは、この後を読めば納得できるかもしれない。

実際に夜空を眺めてみると、明るい星はかなり目立つ。肉眼で微かに見える星から比べると、格段に明るく見えることは確かだ。じつはその差は100倍にもなる。というより、ちょうど100倍の差になっているというべきかもしれない。

一番明るく見える星は、微かに見える星より2桁も明るいことになる。ここが、人間の眼の偉大なところだ。2桁も明るさが異なるものを同時に見ることができるからである。

この能力は日常生活でも役立っている。明るい戸外から、家の中に入ったとしよう。確かに、最初は薄暗く感じる。しかし、目はすぐに慣れて、部屋の中が見えるようになる。つまり、私たちの眼は何桁も異なる明るさに対応できるようにできているのだ。そのため、星の明るさが桁違いに変わっても、眺めることができる。うまくできているものだ。

ヒッパルコスが「1等星と6等星の明るさの差が100倍（2桁の差）になること」を正確に理解していたかどうかはわからない。しかし、経験的にそうだと思っていたのではないだろうか。人間の目の感度は対数スケールで反応するからである。

その後、イギリスの天文学者であるポグソン（1829–91）が定量的に定義し直し、それが現在でも使われている。1等暗くなると、天体の明るさは2.5分の1になる。6等星は1等星に比べて5等級暗いので（1／2.5の5乗＝1／100）の明るさしかないことがわかる。

表 3.1　アンドロメダ銀河, M32, M110 の明るさ（等級）と見かけの大きさの比較

銀河名	可視光での明るさ（等級）	見かけの大きさ（度）
アンドロメダ銀河	4.4	3.18
M32	9.2	0.15
M110	8.9	0.36

さて、アンドロメダ銀河に戻ろう。はたして、どのぐらいの明るさなのだろうか。表3・1にアンドロメダ銀河の見かけの明るさ（等級）を衛星銀河のM32とM110の値と一緒に示した。

意外な明るさと大きさ

アンドロメダ銀河の明るさはなんと4.4等星。「こんなに明るいの？」と、驚かれるかもしれない。肉眼で見ることができる星の明るさは6等星までである。それより明るいということは、確かに肉眼で見ることができる。

しかし、この4.4等級という明るさは、きちんと写真を撮影して、かなり暗い部分まで光を測定し、それらを足し合わせた等級である。そのため、ずいぶん明るい等級になっているのだ。しかも星とは違い、広がっている。そのため、多少目を凝らしてみないと見えない。街灯りのない澄んだ夜空であれば、必ずや見ることができる（位置は図3・3を参照）。私は何度も見たことがある。まだご覧になっていない方は、ぜひ挑戦してみてほしい。

表3・1には、ついでに見かけの大きさ（直径）も示しておいた。

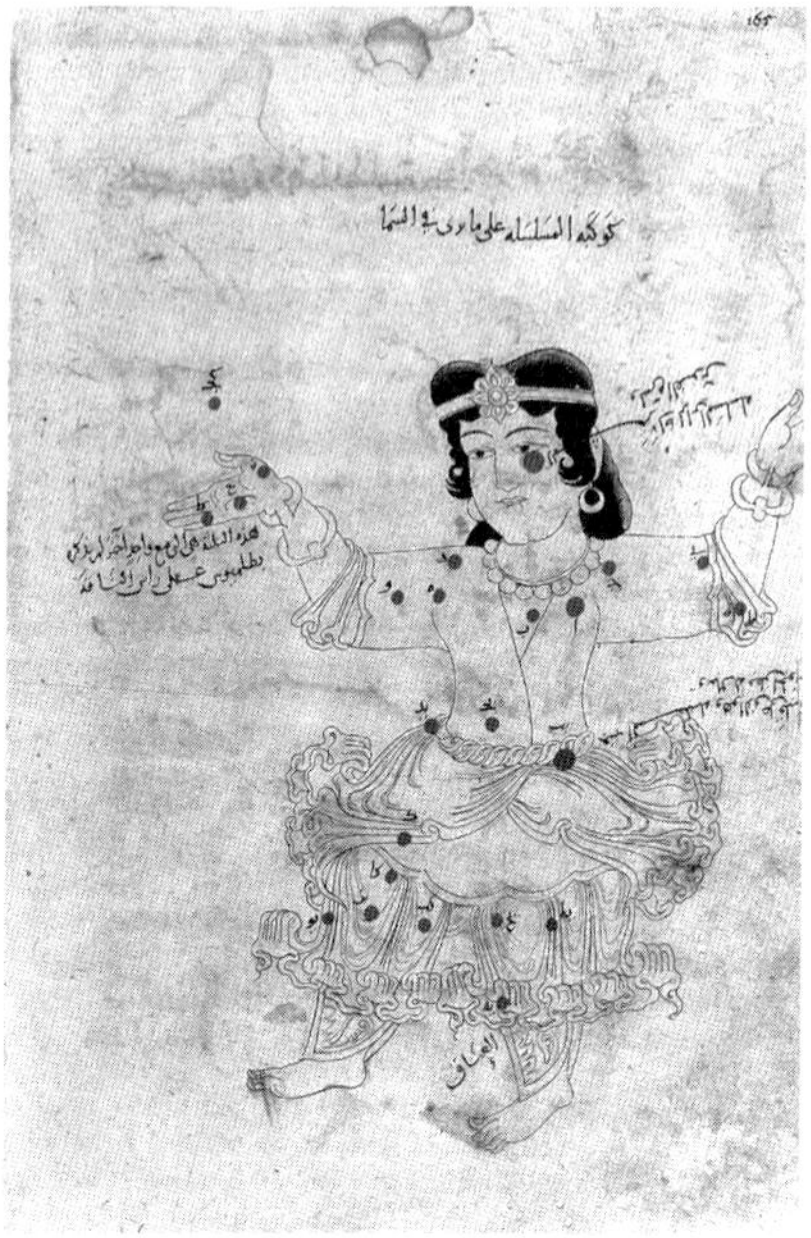

図 3.4　ペルシア人天文学者，アブドゥル・ラフマーン・アル・スーフィーが描いたアンドロメダ座　(Bodleian Library)

アンドロメダ銀河の見かけの大きさは角度で3度もある。満月の見かけの大きさが0.5度なので、なんと満月より6倍も大きく見えることになる。ただ、これも、非常に暗い部分まで測定しているために、大きな値になっていることに注意してほしい。

さて、アンドロメダ銀河は肉眼で見ることができるので、昔からその存在が知られていたはずだ。歴史上に残る記録としては、10世紀までさかのぼることができる。ブワイフ朝（現在のイラン・イラクの地域を支配していたイスラム王朝）の宮廷天文学者であったアブドゥル・ラフマー

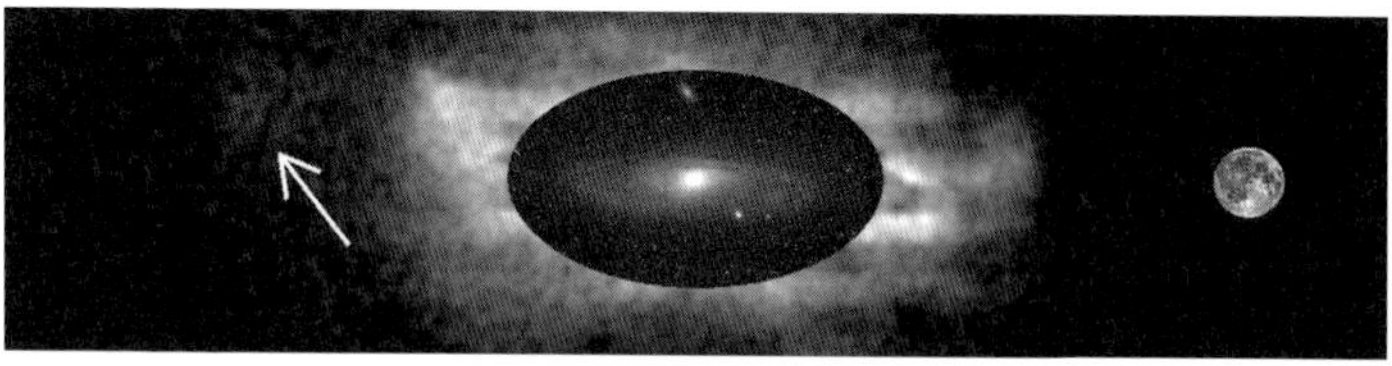

図 3.5　スローン・デジタル・スカイ・サーベイで発見されたアンドロメダ銀河の周りに広がる星々. 左側の矢印で示された場所には星が集団で存在している「クランプ」とよばれる構造も見られる. 角度のスケールを比較するために, 右側には満月（0.5 度）が示されている.（SDSS）

ン・アル・スーフィー（965–1037）が「小さな雲」と記したのが、最古の記録として残っている（図3・4）。

不思議なアンドロメダ銀河

ところで、ほとんどの人はアンドロメダ銀河を実際に肉眼で見たことはないだろう。満月の6倍も大きく見えると聞いても、ぴんとくる人はほとんどいないということになる。そこで、アンドロメダ銀河の大きさを実感してもらうために図3・5を用意してみた。図の右端には満月の大きさも示しておいたので、アンドロメダ銀河の大きさがよくわかるだろう。

この図の中央部に示してあるのが、よく見るアンドロメダ銀河の可視光で見た写真である。見慣れた端正な姿だ。問題はその外側に広がる光芒《こうぼう》である。一体これはなんなのか？　その姿はあまりにも異様である。

この画像を見て、アンドロメダ銀河は渦巻銀河であるという人はいるだろうか？　たぶん、いないのではないかと思う。私も思わない。

3-2 渦は見えるか？

さて、もう一度、アンドロメダ銀河の写真をよく見てみよう（図3・1）。皆さんにはアンドロメダ銀河が渦巻銀河に見えるだろうか？　渦巻があるような、ないような……。やはり、判然としないのではないではないだろうか。

円盤の部分には暗い筋のような模様がいくつか見えている。これらの場所にはダストがあり、星々の光を吸収してしまう暗黒星雲がある。このような暗黒星雲が連なって存在しているため、暗く見えている。「ダスト・レーン」とよばれる構造だ。このおかげで、なんとなく渦巻があるように見えているのかもしれない。

では、アンドロメダ銀河は一体どんな銀河だというのだろうか？　このあと、考えてみることにしたい。

3-3 渦はなぜできるのか？

ところで、渦巻銀河にはどうして渦巻構造があるのだろう。しかも、この問題は結構複雑だ。

図 3.6　ハッブル宇宙望遠鏡が撮影した M51 の渦巻.（NASA/ESA/STScI/AURA）

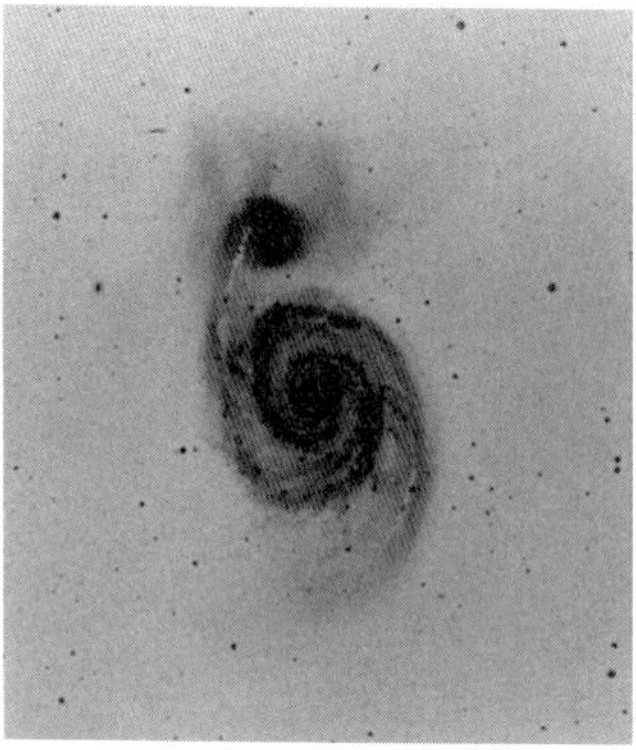

図 3.7　M51 の可視光写真. 上に見えているのは M51 と衝突している NGC 5195.（H. C. Arp, 1966）

次の問題があるからだ。

なぜ2本あるのか？
なぜマルチプル・アームがあるのか？
なぜフラキュラント・アームがあるのか？

ただ、約7割の渦巻銀河は2本のきれいな渦巻を持っていて、それらはグランド・デザイン渦巻銀河とよばれる。そこで、まずは典型的な二つのグランド・デザイン渦巻銀河を見て、考えてみることにしよう。

M51の渦巻

最初はM51（図3・6）。確かにきれいな2本の渦巻が見えている。これなら、誰が見ても立派な渦巻銀河である。私も異存はない。

ただしM51は孤立した銀河ではない。図3・7

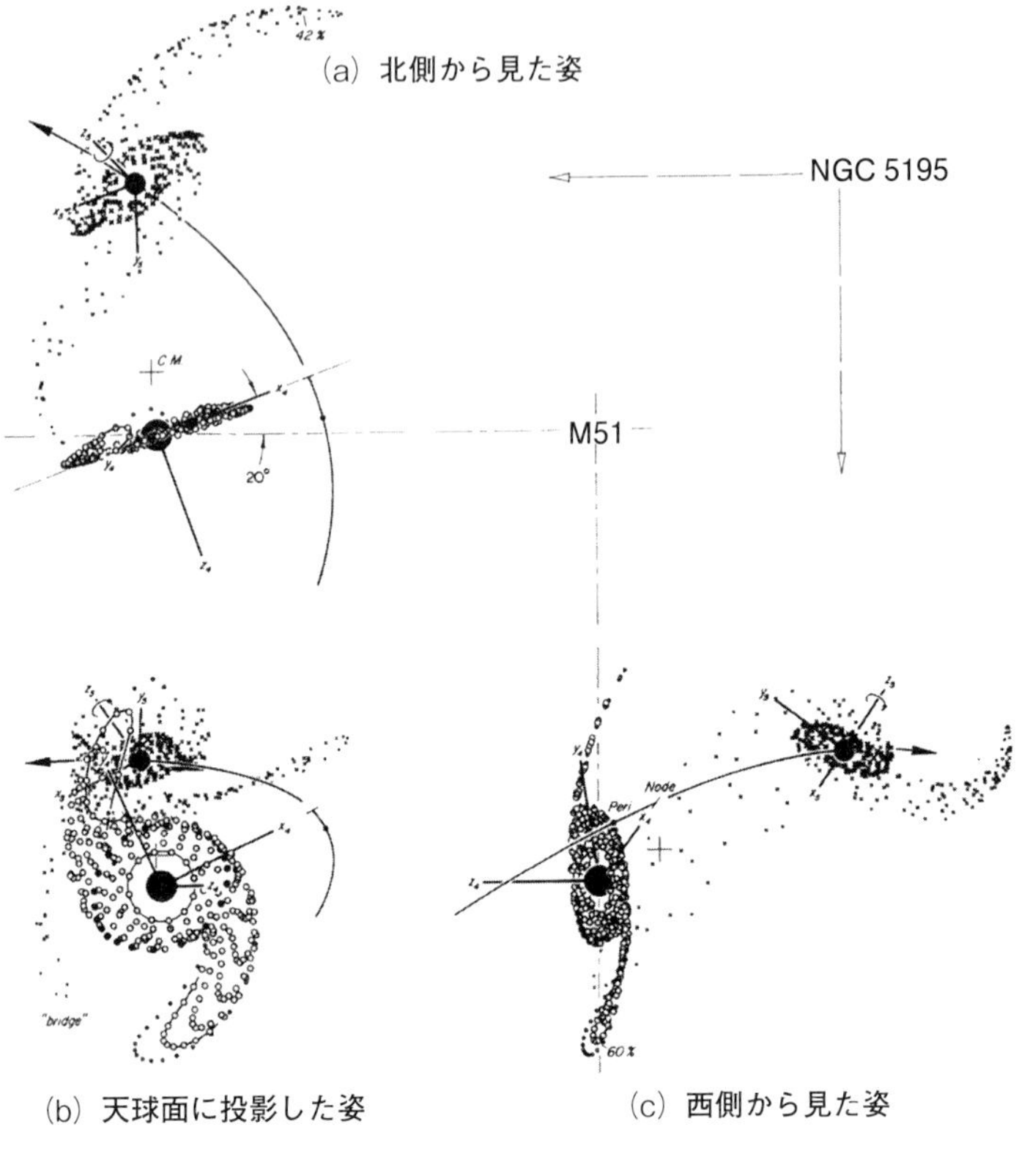

図 3.8　M51 の渦巻構造を NGC 5195 との遭遇で形成するコンピュータ・シミュレーション. 左下 (b) が私たちの観測する M51 と NGC 5195. 左上 (a) が北側から見た姿で, 右下 (c) が西側から見た姿.
(Toomre & Toomre 1972, ApJ, 178, 623 より改変)

をご覧いただければ一目瞭然である。この図からわかるように、M51はNGC5195という銀河と衝突している最中なのだ。NGC5195はM51に比べると見かけの大きさが小さいので、よく「子持ち銀河」とよばれる。

そして、M51の2本のきれいな渦巻は、この衝突のおかげでできたのだと考えられている（図3・8）。M51とNGC5195は重なり合うように並んで見えているが、それはたまたま私たちがそのように見える方向から眺めているだけだ。じつは、二つの銀河はそれなりに離れている（図3・8のaとc）。

このことは一つの教訓として覚えておくほうがよい。つまり、私たちが銀河などの天体を見るとき、ある一つの方向（視線）から眺めるしかないのだ。あらゆる天体についてそれがいえる。そのため、見かけの姿にだまされることがある。注意しなければならない。

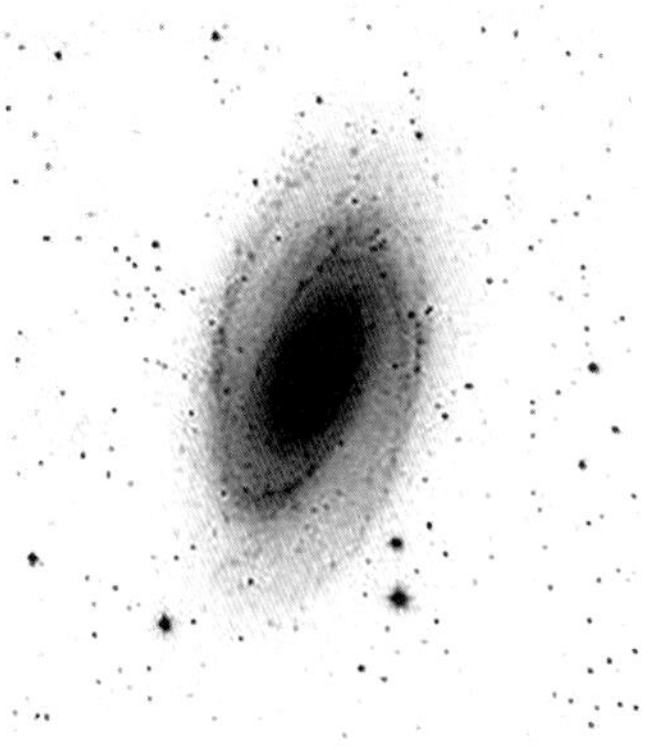

図3.9　M81の可視光写真
（パロマー天文台）

M81の渦巻

もう一つの美しい渦巻銀河の例は、M81である（図3・9）。この銀河もほれぼれとするような2本のきれいな渦巻を持っている。グランド・デザイン渦巻銀

図 3.10　M81 の形づくる銀河群. 上に見えるのが M82, 左下に見えるのが NGC 3077.
（Digitized Sky Survey の画像を用いて合成）

河とよぶにふさわしい。

M51のようにそばに銀河がないので、銀河の衝突の影響はないように思われるかもしれない。では、美しい渦巻はどうしてできたのだろう？

ところが、意外な答えが待っている。なんと、M81も孤立した銀河ではないのだ。M81はM82とNGC3077という二つの銀河と、銀河群をつくっている（図3・10）。一見するとこれらの三つの銀河は結構離れていて、相互作用しているようには見えない。ところが中性水素原子ガス雲の分布を調べてみたところ（図3・11）、確かに三つの銀河はつながっていることがわかったのだ。

実際に三つの銀河の相互作用をコンピュータ・シミュレーションで調べてみると（図3・12）、三つの銀河をつなぐ中性水素原子ガス雲の分布を見事に再現することができる。つまり、三つの銀河はしっかりと相互作用していたのだ。

M81の端整な2本の渦巻は、M81自身がつくり出した構造のように思えた。しかし、やはり、他の銀河との相互作用でできたと考えるほうがよさそうだ。

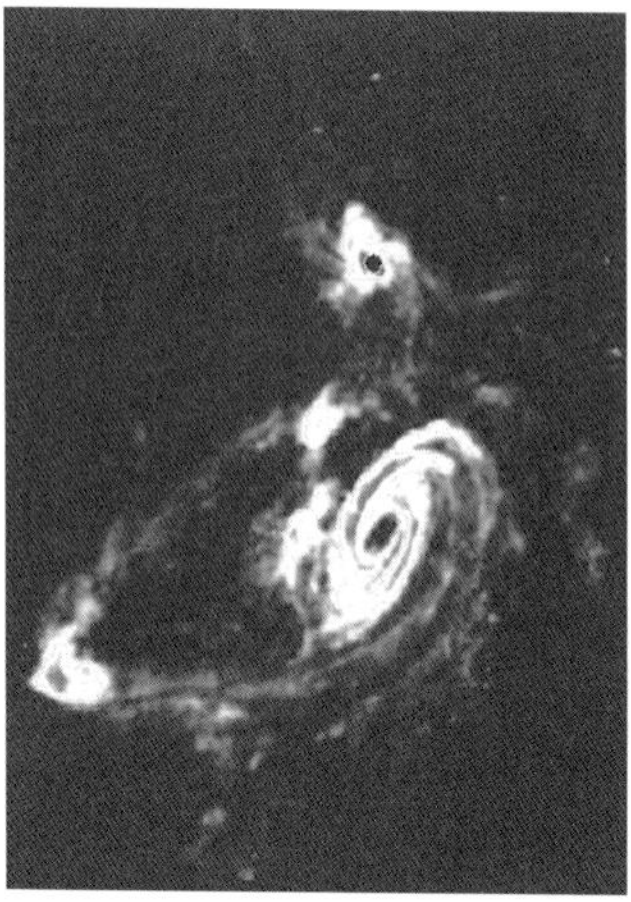

図 3.11　M81，M82，そして NGC 3077 を結ぶ中性水素原子ガス雲の分布
（口絵参照，提供：Min S. Yun）

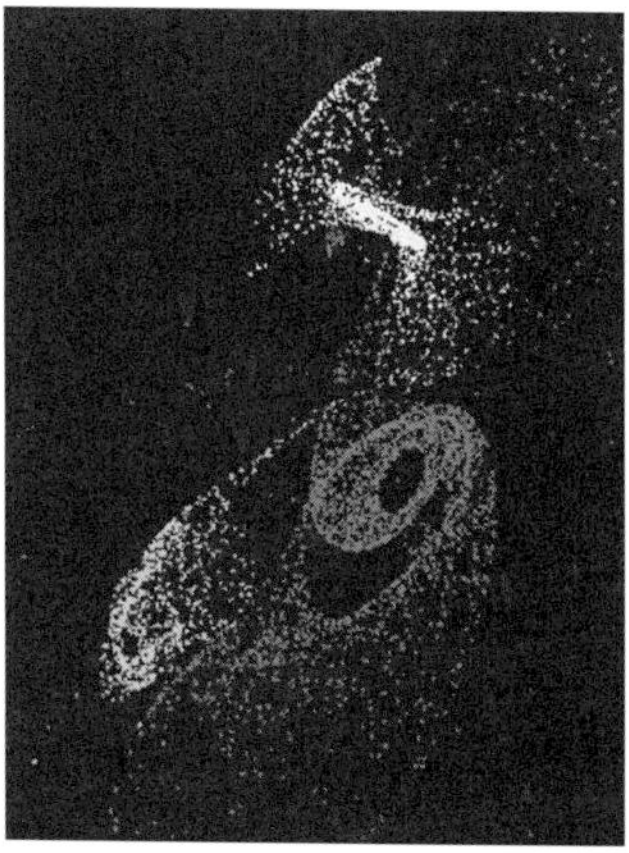

図 3.12　図 2.6 の観測結果を再現するコンピュータ・シミュレーション
（口絵参照，提供：Min S. Yun）

3-4 銀河の衝突で渦をつくる

では、銀河が遭遇すると、なぜ2本のグランド・デザイン渦巻構造ができるのだろうか？ その答えは「潮汐力という力が働くから」である。潮汐は潮の満ち干のことである。地球の海面の高さは太陽と月の重力の効果で潮の満ち干が起きているが、これを引き起こす力を潮汐力とよんでいる。

潮汐力の仕業

ここでは、二つの銀河が遭遇するときに起こる潮汐力を考えて見ることにしよう。質量M、半径rの二つの銀河（銀河1と銀河2）が距離Rだけ離れて遭遇している状況を考える（図3・13）。この図の左にある銀河1で、3地点A、O、およびBに働く重力を、F_A、F_O、およびF_Bとしよう。銀河2までの距離はA、O、Bの順で遠い。重力の強さは二つの銀河間の距離Rの二乗に反比例する。そのため、重力の強さは

$$F_A < F_O < F_B$$

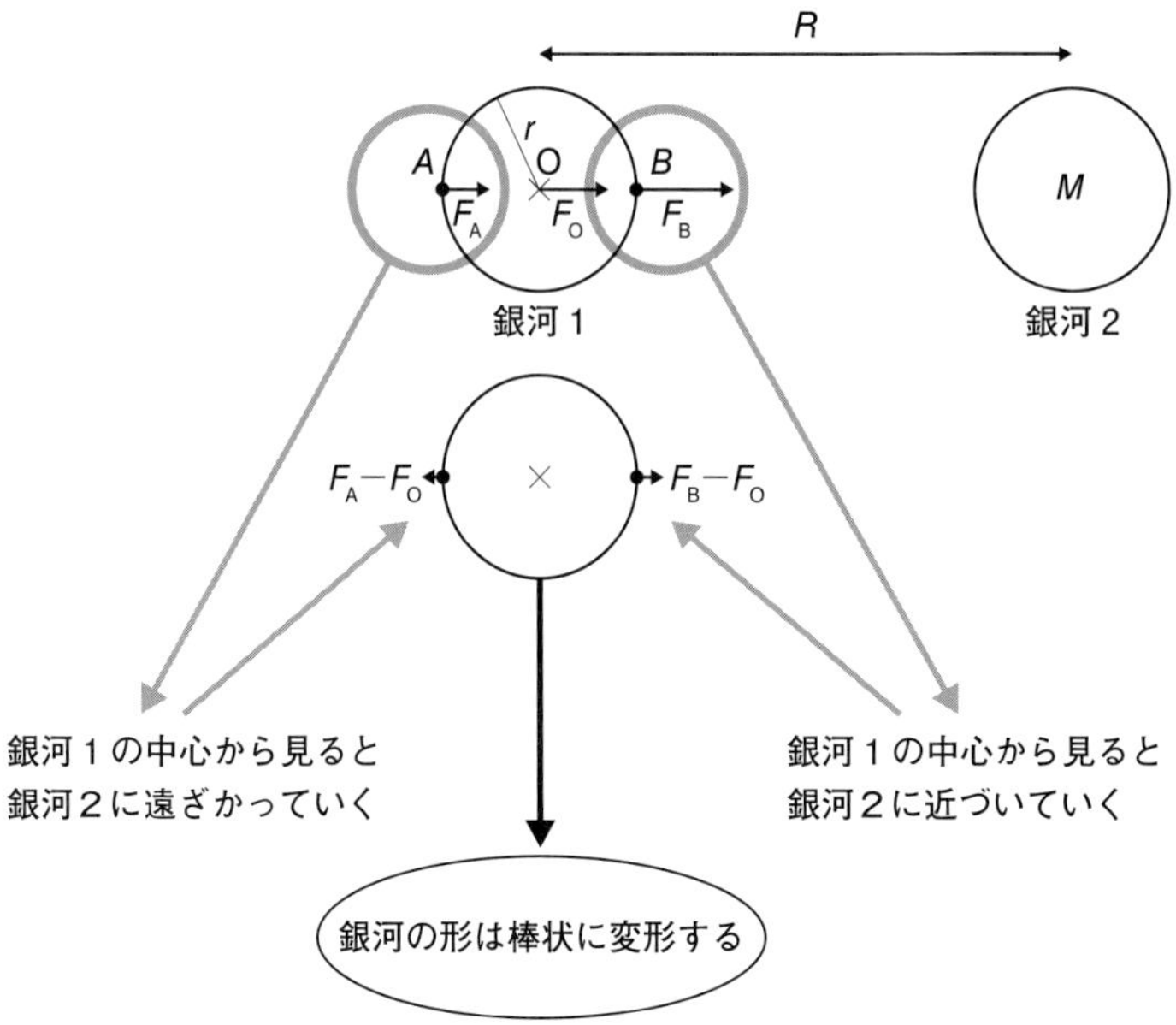

図 3.13　潮汐力の影響で円盤が棒状に変形する原理.（上）右の銀河 2 から，左の銀河 1 の A，O（銀河 1 の中心），B に及ぼされる重力の強さをそれぞれ F_A，F_O，F_B とする.（中）銀河 1 の中心（O）に相対的な A と B での重力の強さは，それぞれ左向きに $F_A - F_O$，右向きに $F_B - F_O$ となる．したがって，A では銀河の中心に対して左側に引っ張られ，B では右へ引っ張られる.（下）そのため，銀河 1 は左右に引き伸ばされた形状（棒状）に変化していく.

となる。潮汐力の強さは銀河1の中心に対する相対的な重力の強さになる。したがって、AとBに働く潮汐力はそれぞれ

$F_A - F_O$（これは負なので向きが反対）

$F_B - F_O$

である。図3・13の左下を見るとよく理解できるだろう。

棒ができる

このように銀河2に近い場所と遠い場所で、それぞれ銀河の外側に向かう力として潮汐力が働くのである。そのため、銀河1は二つの方向に引き伸ばされ細長く変形していく（図3・9のように棒状の構造になっていく）。ところで、銀河は回転している。したがって、引き伸ばされた構造は回転に従って流れていき、あたかも2本の渦巻構造のようになるのである。

このように銀河同士が遭遇すると、互いの潮汐力によって、自然とグランド・デザイン渦巻銀河になってしまうのだ。

3-5 自分で渦をつくる

他力本願

銀河が遭遇するとグランド・デザイン渦巻構造ができることがわかった。しかし、どうだろう。皆さんはそれで納得できただろうか？　銀河遭遇説を採用するのは簡単だ。しかし、本当にそれだけでよいのだろうか？　相互作用しない銀河では渦巻構造はできないのだろうか？　これは大いに気になる問題だ。だが、その答えは判然とはしていない。イエスのようでもあり、ノーでもあるからだ。

現在では銀河は群れて存在しているほうが普通であることがわかってきているので、銀河の遭遇はそれほど珍しいことではないと考えられるようになってきた。しかし、天の川銀河以外の銀河の存在がわかり、銀河の研究が進められ始めた頃からしばらくの間、銀河は基本的には孤立していると考えられていた。20世紀中盤頃のことだ。

渦は波

その時代、やはり渦巻構造の形成は一つの大きな問題としてクローズアップされていた。1964年、ダグラス・リン（1949–）とフランク・シュー（1943–）はあるアイデアを思いついた。

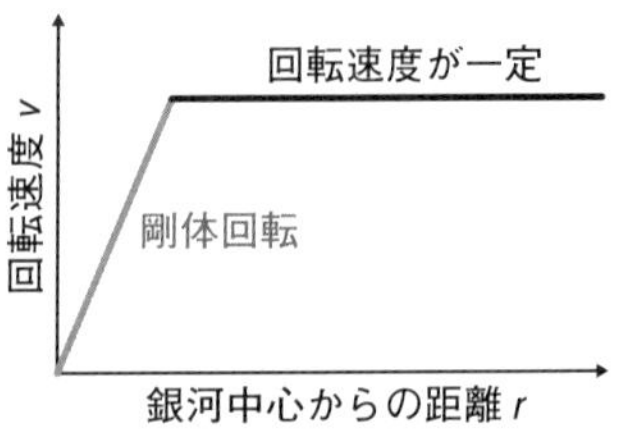

図 3.14　渦巻銀河の回転曲線（回転速度と銀河中心からの距離の関係）

渦巻は実体ではなく、波である

銀河は回転している。しかもその回転の様子はとても不思議で、銀河中心からの距離によらず、ほぼ一定の回転速度（秒速100〜300キロメートル程度）で回転している（図3・14）。すると面白いことが起こる。銀河中心から離れている場所にある恒星は、中心に近い場所にある恒星に比べて、遅れを取るように回転するからだ。このような回転運動を差動回転とよんでいる。

渦巻銀河が図3・14に示すような回転運動をしているとどのようなことが起こるだろうか？　ここで、図3・15を見てほしい。いま、赤い曲線で示した渦巻があるとする。その渦巻の中にあり、銀河中心からの距離r_1にある星が半周してr_1'までやってきたとしよう。移動した距離は半周分なのでπr_1である。では、同じ渦巻の中にあるが、銀河中心からの距離がr_1の2倍の場所にある星（図中では$2r_1$と書いてある場所）はその間にどれだけ移動するだろうか。回転速度はr_1の場所と同じなので、移動できる距離は同じくπr_1である。そのためr_1にある星はすでに半周したが、移動距離が同じなので4分の1周しかしていない（図中の点線で示した渦巻を見ればわかる）。つまり、差動回転のおかげで、銀河円盤の外側にある星ほど、遅れて回転することになる。そのため、渦巻は時間の経過とともに、だんだん巻きついていくことになる。ところが、実際に観測される渦巻銀河では、そのようなきつく巻きついた渦巻（蚊取り線香のような形）は観測されない。

これは「巻きつきの困難（ワインディング・ディレンマ）」とよばれ、天文学者を悩ませていた大問題だった。しかし、この問題が起こるのは、一つ仮定していることがあるためだ。それは

渦巻にある星はいつも渦巻の中にある

ということである。つまり、渦巻はいつも同じ星たちが形づくっていると仮定しているのである。

リンとシューはこの仮定を捨て、次のように考えることにした。

渦巻は実体ではなく、波である

単なるパターンを見ているに過ぎないと考えたのだ。私たちが海辺で見る波も考えてみれば実体ではなく、パターンである。いま、海辺に打ち寄せた波を形づく

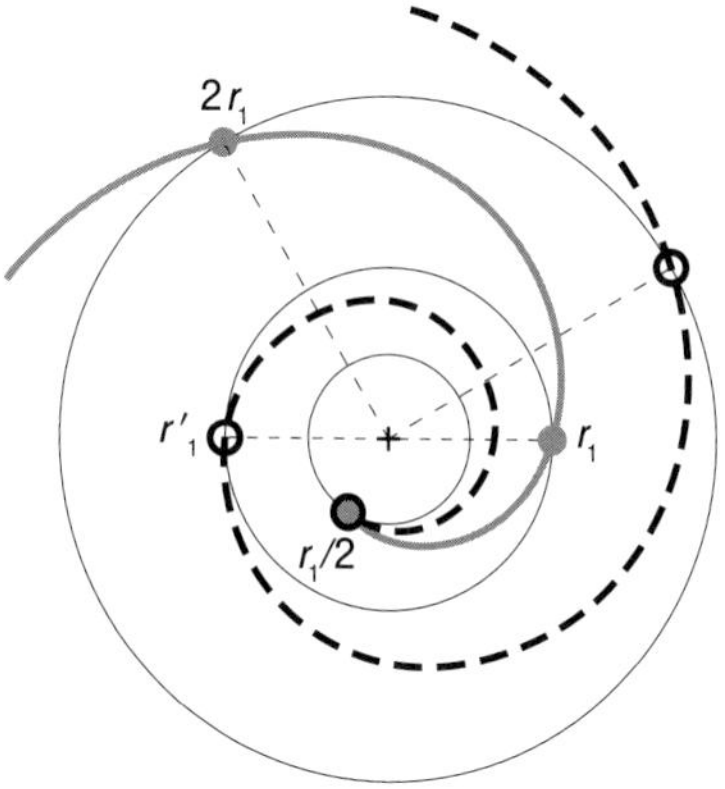

図 3.15　渦巻が巻き込まれていく原理

る海水ははるか沖から同じ海水としてやってきたものではない。海面を伝わる波というパターンが打ち寄せてきたのである。

リンとシューのアイデアをまとめるとこうなる。

銀河は差動回転している
銀河の中心部で波が立つ
波は外側へと伝播していく
波は差動回転のため、なびいていく
その波のパターンが渦巻として見えている

波が立つ。この波とは、音波と同じ性質のものである。音は空気中を密度の高低の情報が伝わっていき、それを耳の鼓膜の振動として聞いている。このような波は疎密波とよばれている。リンとシューは銀河の中心部で発生した疎密波が銀河の円盤に伝わっていくと考えたのである（図3・16）。そのため、彼らのアイデアは「密度波理論」と名づけられた。

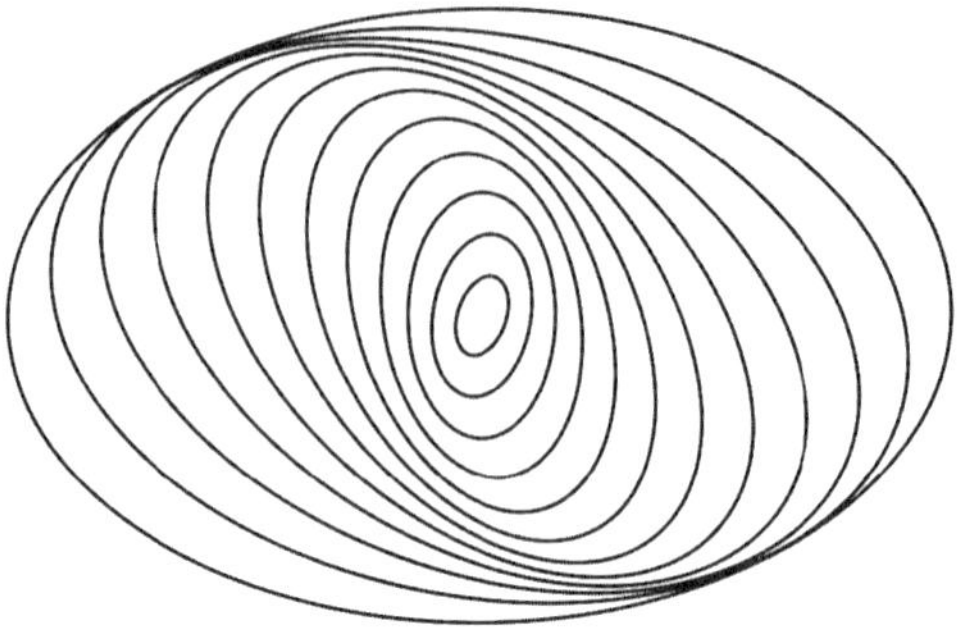

図 3.16　銀河円盤の中を密度波が伝播し，その結果，渦巻構造が現れる様子

波は立つのか

一見よさそうだが、問題は解決していない。それはなぜ銀河の中心部で疎密波が発生したのかわからないからだ。火のない所に、煙は立たない。まさにその通りで、何か原因がなければ、密度波も立たない。

たとえば、コーヒーカップにコーヒーを入れ、そのあとでそっとミルクを注ぐ。コーヒー色とミルク色のツートーン・カラーになる。普通はスプーンでかき混ぜるところだが、ここで思考実験をしてみよう。

もし、針金をまっすぐにコーヒーカップの中に入れて、針金を回転させたとしよう。コーヒーとミルクにはほとんど変化が出ないだろう。しかし、針金の先に細長い板状のものをつけて回すとどうなるだろう。今度はミルクがかき混ぜられて渦をつくることになる。

ミソは針金の先につけた細長い板状の構造にある。針金だけだと、回してもコーヒーとミルクに変化は出ないが、これは針金が軸対称構造をしているためだ。針金の先に細長い板状のものをつけると、回るものは軸対称からずれる。つまり、非軸対称構造になる。

銀河の中で非軸対称的な構造は何だろうか？　それは棒状構造である。星でできた円盤は力学的に不安定なので、放っておいても棒状構造ができることがある。しかし、より明快な棒状構造の形成機構は銀河の相互作用である。潮汐力の影響で簡単に棒状構造ができてしまうからだ（図3・13）。こうしてみると、孤立した銀河よりは、相互作用している銀河のほうが密度波を立てやすいことになる。M51などの相互作用銀河に美しいグランド・デザイン渦巻があるのは、ある意味で自然なことなのだ。

勝手にできて消えて行く

密度波理論は魅力的なアイデアではあるが、渦巻の発生を説明する万能モデルではないようだ。そこで、孤立している銀河で渦巻が生まれる、別のアイデアを紹介することにしよう。それは「動的平衡モデル」である。このモデルはコンピュータの発展でもたらされたともいえる。銀河円盤の回転の様子をコンピュータで解析する場合、結構大変である。典型的な銀河の円盤部にはざっと1000億個もの星がある。それぞれ質量を持っているので、その影響を正しく計算するには1000億個の星の重力の影響を考慮しなければならない。重力多体系(あるいはN体系)計算が必要になる。現在では、いろいろな工夫がされて、かなり現実に近い銀河円盤の様子を調べることができるようになってきた。

最初は渦巻構造を持たない円盤を設定し、その後どのように進化していくかをコンピュータで追っていく。すると、円盤は少し不安定になり、差動回転の影響で勝手に渦巻構造をつくるようになる。渦巻にある星はどんどん入れ替わっていくが、しばらくその渦巻を維持する。しかし、ある程度時間が経過すると渦巻が不安定になり壊れていく。ところが、円盤はまた自然に渦巻をつくり、同じようなプロセスが続いていく。つまり、円盤は常に渦巻を持っているわけではないが、円盤の力学的な性質で勝手に渦巻をつくったり壊したりしながら進化を繰り返すのだ。

動的平衡

円盤は常に平衡状態を保っているわけではない。しかし、長いタイムスケールで見ると、適切な範囲で平衡状態を保ちつつ、渦巻などの構造をつくり得るということだ。

このような平衡を「動的平衡」とよぶ。たとえば、私たちの身体も静的な平衡状態にはない。常に細胞が死に、そのかわり新たな細胞が生まれる。見た目にはなんの変化もないように見えるが、私たちの身体は動的平衡状態を保ちつつ生命活動を維持しているのである。銀河も同じようなものだと考えることができる。

いずれにしても、このアイデアだと、波が立つ原因を考える必要がないので、孤立している銀河でも心配はない。

3-6　アンドロメダ銀河、再び

アンドロメダ銀河の円盤を見直す

さて、問題はアンドロメダ銀河だ。アンドロメダ銀河はM51やM81のようなきれいな渦巻銀河ではない。それは確かだ。誰でも納得するだろう。

では、M63と似ているだろうか？　これも悩ましい問題である。なぜなら、アンドロメダ銀河はどうにも中途半端な銀河なのだ。

図3・1のアンドロメダ銀河の写真をもう一度眺めてみると、円盤の外側にはリング（輪）のような模様が見えることに気がつく。ひょっとして、渦巻ではなく、リングがあるのだろうか？　アンドロメダ銀河の円盤部にはダスト・レーンなどもあり、可視光の写真を見ているだけでは、どうもすっきりしない。その原因は、可視光の波長はダストのサイズと同じ程度なので、可視光はダストに吸収されやすいからである。そこで、他の波長帯でアンドロメダ銀河を眺めてみることにしよう（図3・17）。そこに何かヒントが隠されているかもしれないからだ。

図3・17にはX線、紫外線、可視光、近赤外線、中間赤外線、遠赤外線、電波（連続光）、そして水素原子の放射する電波で見たアンドロメダ銀河の姿を並べた。

X線の画像（①）は中心の30分角のエリアを見ているが、ぼうっと輝いているX線はアンドロメダ銀河のバルジ部に付随している高温のガスが放射するX線である。個別のX線源もたくさん見えているが、これらはX線を強く放射するX線星である（多くの場合は連星である）。

近赤外線（波長1.6マイクロメートル）の画像（④）は中心の1分角のエリアを見ており、可視光の画像（③）と見比べるとわかるように、星の空間密度が高い、円盤部の比較的内側を見ている。そのため、明瞭な構造は見えていない。

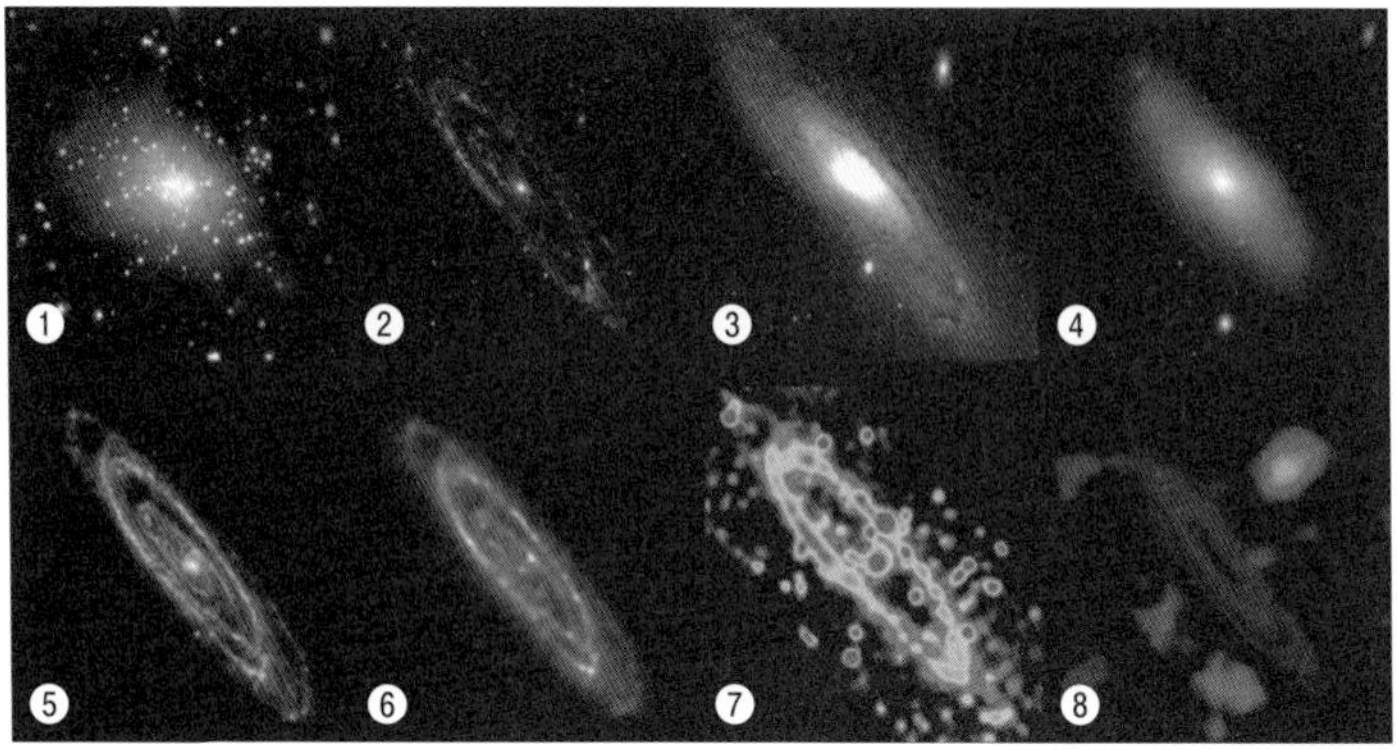

図 3.17 さまざまな波長帯で見たアンドロメダ銀河（口絵も参照）．①X 線：チャンドラ X 線衛星 （NASA/Umass/Z. Li & Q. D. Wang)，②紫外線：Galaxy Evolution Explorer （GALEX）(GALEX Team, Caltech, NASA)，③可視光：東京大学木曽観測所シュミット望遠鏡，④近赤外線（1.6 μm）(Atlas Image courtesy of 2MASS/UMass/IPAC-Caltech/NASA/NSF)，⑤中間赤外線（24 μm）：スピッツァー宇宙望遠鏡 （NASA/JPL-Caltech/K. Gordon)，⑥遠赤外線（175 μm）：Infrared Space Observatory（ISO） (ESA/ISO/ISOPHOT & M. Hass, D. Lemke, M. Stickel, H. Hippelein *et al.*)，⑦電波（6 cm）：エッフェルスベルグ電波天文台，⑧電波（21 cm, 中性水素原子）：GBT100 m 電波望遠鏡 （NRAO/AUI/NSF, WSRT)．①は中心の約 30 分角，④は約 1 度角，それ以外は約 2 度角．⑧で青色は円盤内のガスでオレンジは落ち込みつつあるガスの塊．（口絵参照，出典：『天文学辞典』シリーズ現代の天文学 別巻，日本評論社，2012）

それでは、その他の波長帯の画像を見て気がつくことがあるだろうか？　紫外線（②）、そして中間赤外線（⑤）以降のイメージには、やはりリングのような構造が見える。

リングがある

このリング構造を詳しく見るために、図3・18を用意した。左から水素原子ガス、水素分子ガス、そしてダストの分布を示している。ここで水素分子ガスの分布が新たにつけ加わった。これらのガスやダストは星が生まれやすい冷たいガス雲をトレースしている。つまり、アンドロメダ銀河では冷たいガス雲がリング状に分布していることになる。実際、この領域では星が誕生し、紫外線を出している。そのため、紫外線でもリング状に見えていたのである。

図3・18を見てわかるように、アンドロメダ銀河の円盤にあるのは渦ではなくリングである。その証拠をもう一つ見ておくことにしよう。

図3・18では原子ガス、分子ガス、そしてダストがリング状に分布していることを見た。ここで見せたダスト（右）は比較的サイズの大きなラージ・グレインとよばれるダストである。大きいとはいえサイズは0・01マイクロメートルから1マイクロメートル程度しかない。これらのラージ・グレインは付近の星々から放射される電磁波のエネルギーを吸収して熱平衡状態になっている（熱の出入りが等しい）。そのため、ダストの温度で決まる熱放射を出している。ダストの温度は30K（ケルビン）程度である（つまり、マイナス240℃）。

ダストにはよりサイズの小さなスモール・グレインとよばれるものもある。サイズは１オングストローム（１億分の１センチメートル）程度しかなく、ダストというより、多原子分子とよぶほうがよい。そのなかに、多環芳香族炭化水素がある。ベンゼン環を増殖させたような多原子分子の仲間である。これらは英語名が polycyclic aromatic hydrocarbon なので略してＰＡＨとよ

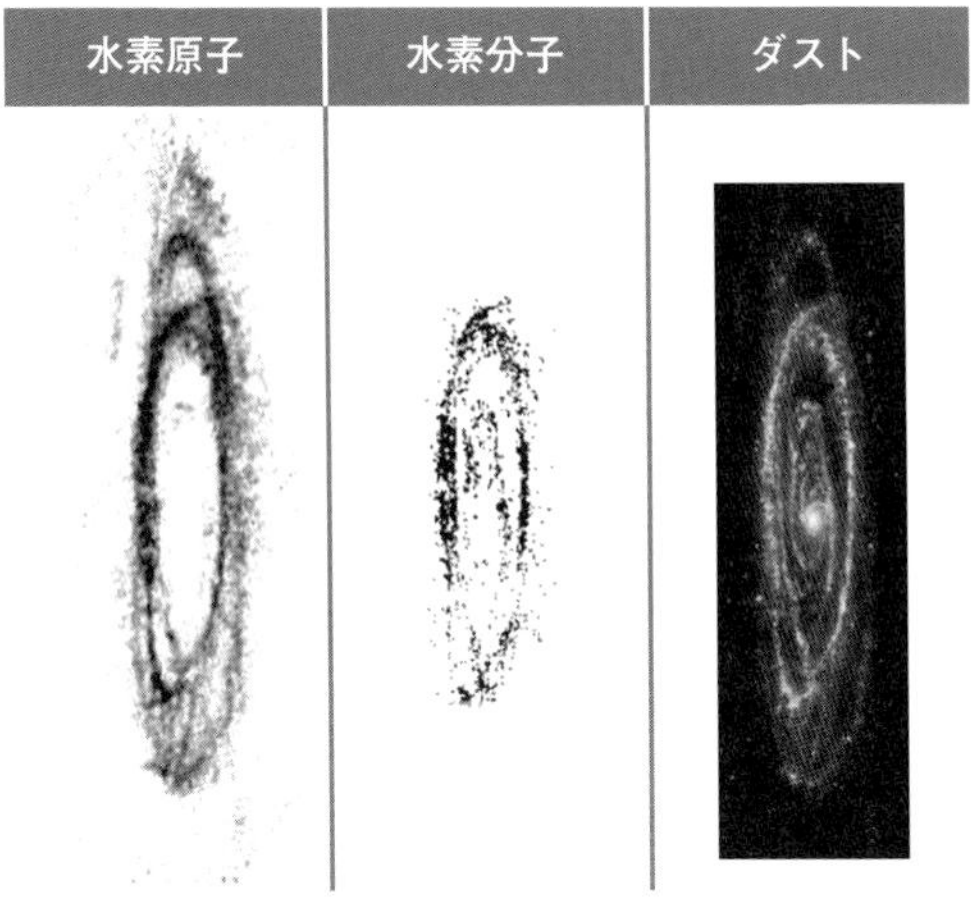

図 3.18　アンドロメダ銀河の星間ガスの空間分布． 中性水素原子ガスの分布（左）．波長 21 cm の電波スペクトル線を利用して観測したもの．一酸化炭素ガスでトレースした水素分子ガスの分布（中）．一酸化炭素が放射する波長 2.6 mm の電波スペクトル線を利用して観測したもの．一酸化炭素の分布は水素分子の分布とほぼ同じと考えてよい．ダストの分布（右）．波長 24 μm 帯で放射されるダストの熱放射．

ばれる（図3・19）。

PAHは周辺の星々の放射で熱平衡になることはなく、放射のエネルギーを吸収して励起され、エネルギー状態の低い状態へ遷移するときに輝線を放射する。つまり、PAH輝線は星が生まれている場所を示してくれるのだ。

PAHの放射は近赤外線から中間赤外線帯で観測される。波長は3マイクロメートルから11マイクロメートルの範囲になる。PAHの輝線は結構明るいので、星間ガスの様子を調べるのに適している。そこで、PAHの輝線でアンドロメダ銀河を見てみることにしよう（図3・20）。内側と外側のリング構造がはっきりわかるだろう。ただし、星々の光も同様な構造をしていることは大変重要である。つまり、星とガス（ダスト）に同じ力学的影響を与える出来事がなければ、このような分布は説明できないからだ。これについては、あとで説明しよう。

普通の渦巻銀河では星が生まれている場所は渦巻腕に沿って分布していることがわかっている。M51などがまさにその例だ。したがって、アンドロメダ銀河はやはり普通の渦巻銀河とは様子が異なっているのだ。

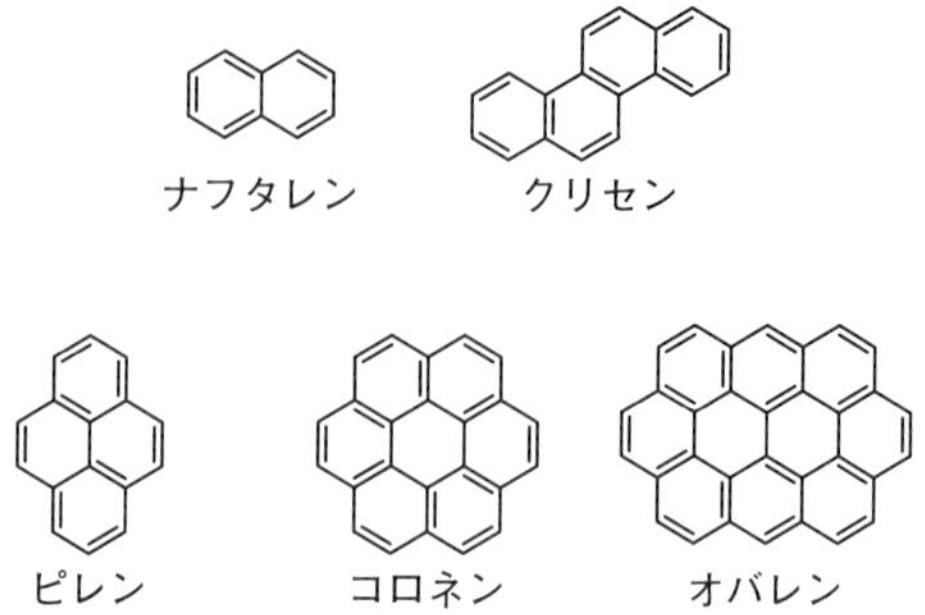

図 3.19　PAH の仲間

図 3.20　波長 7.7 μm 帯で放射される PAH の輝線で見たアンドロメダ銀河（右下）．近赤外線の連続光で見たアンドロメダ銀河（左下）．両者の合成画像（上）．
（口絵参照，NASA/JPL-Caltech/P. Barmby（Harvard-Smithsonian CfA））

この状況を考えると

アンドロメダ銀河はリング銀河である

といってもよい。

リング銀河とは耳慣れない言葉である。宇宙にはリング銀河とよばれるものがあるのだろうか？　答えは意外である。

宇宙にはリング銀河が存在する

3-7 渦ではなく環をつくる

リング銀河の世界

リング銀河は確かに見つかっている。ただし、渦巻銀河や楕円銀河のようにたくさんあるわけではない。頻度としては、近傍の宇宙にある数千個の銀河を調べて、ようやく数個見つかる程度だ。したがって、リング銀河は珍しい銀河の範疇《はんちゅう》に入る。

珍しいということは、普通の銀河には見られない特徴を持っていることを意味する。つまり、何か特異な形をしている銀河だということになる。これらはまとめて「特異銀河」とよばれている。

この特異銀河に心を奪われた天文学者がいた。ホルトン・チップ・アープ（1927–2013）のことだ。米国のカルフォルニア工科大学の運用するパロマー天文台にしばらく勤めていたアープは、天文台で撮影された写真を調べて、特異な形をした銀河を探してみた。その集大成が「アープの特異銀河カタログ」として1966年に出版された。336個の特異銀河がリストアップされているが、そのうちの数個は確かにリング銀河というしかないような、不思議な形をしている（図3・21）。

どうしてこんな形の銀河があるのだろうか？　図3・21の例を眺めると、ある共通点があるこ

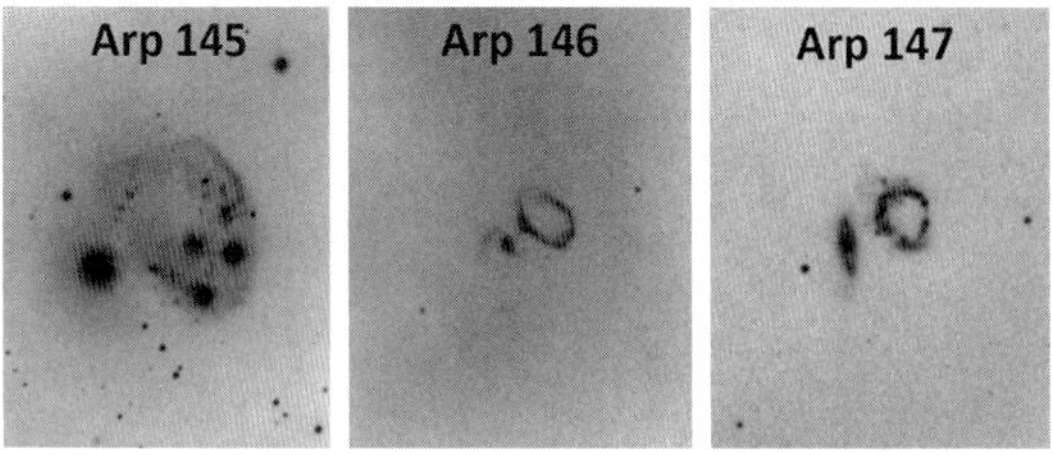

図 3.21　アープの特異銀河カタログに収められているリング銀河の例. 左から Arp 145, Arp 146, Arp 147. 距離はそれぞれ 2.5 億光年, 10.5 億光年, 4.5 億光年. (H. C. Arp, 1966 より改変)

とに気がつく。それは、リング銀河のそばには、もう一つの銀河が寄り添っていることだ。

リング銀河をつくる

リング銀河はどうやってできるのだろうか? リング銀河のそばには、必ず他の銀河が寄り添うようにしてあることが大きなヒントを与えてくれている。そばに銀河があるのなら、答えは一つ。

銀河衝突で生まれる

ということだ。

先に見た、M51やM81も銀河衝突をしている銀河であった。ところが、二つの銀河にはきれいな渦巻ができているが、リングのような構造はない。いったい、どういうことだろう。

じつは、銀河衝突といっても単純ではなく、いろいろな衝突の仕方があることに注意が必要である。少し考えるだけで、次のようなパラメータがあることに思いつくだろう。

どのぐらいの質量の銀河がぶつかってきたか？
どのような方向からぶつかってきたか？
いつ、ぶつかってきたか？

つまり、ぶつかり方は千変万化。衝突の仕方で、銀河の形はいかようにでも変形していくことになる。

では、リングをつくることができる銀河衝突とはどのようなものだろうか？　リングはリングになる前にどのような形をしていたのだろうか？

さて、まずぶつかる前の銀河のことを考えてみる。近傍の宇宙には渦巻銀河と楕円銀河しかない。両者のうちどちらがよいかというと、渦巻銀河のほうである。なぜなら、楕円銀河内の星々はランダムな方向に運動しているので、銀河と衝突しても、リングのような構造をつくりにくいからだ。一方、渦巻銀河の顕著な構造は円盤であり、規則的に回転している。そのため、銀河が衝突してくると、円盤は大きく変形されるだろう。

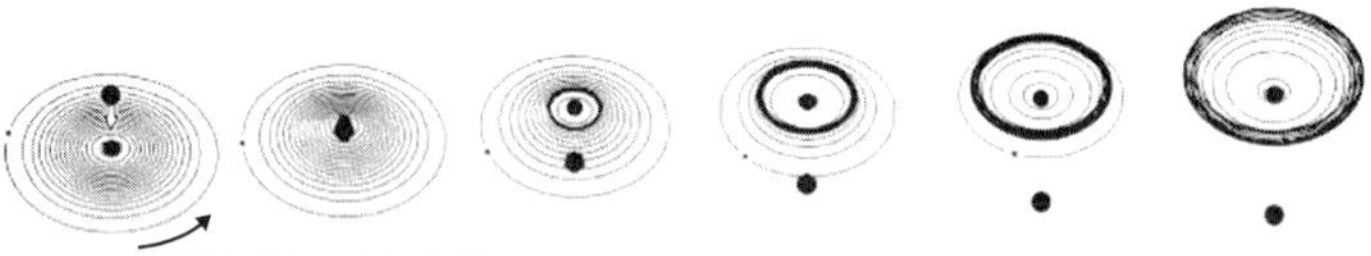

図3.22 リング銀河をつくる銀河衝突のコンピュータ・シミュレーション.
衝突銀河の質量＝2/3×円盤銀河の質量.
(Lynds & Toomre 1976, ApJ, 209, 382より改変)

回転軸からの突入

では、銀河の円盤をリングのようにする衝突の方法があるのだろうか？ この問いに対する答えは「回転軸方向からの衝突」である。銀河の円盤は回転している。その回転軸に沿って、別の銀河がぶつかってくれればうまく行きそうだ。頭の上から銀河が降ってくるような感じだ。

このような衝突でリングができる様子を図3・22に示す。確かにリング銀河ができ上がっている。お見事。

では、どうしてリングができるのだろうか？ その原理を説明することにしよう。

このコンピュータ・シミュレーションでは、円盤銀河にもう一つの銀河をぶつける。ぶつかる銀河の質量は円盤銀河の3分の2で、やや軽めにしている。この銀河が、円盤銀河の回転軸方向（銀河の中心を通り、円盤に垂直な方向）からぶつかっていく。ぶつかる理由は、円盤銀河の重力に引かれているからである。これは当然だ。

では、順を追って何が起きるか見ていくことにしよう。

1. 円盤銀河の星々は、自分の銀河の重力に支配されて回転運動をしている。数億年に一回ぐらいの割合で銀河中心の周りを回っている。

2. 回転軸方向から銀河が近づいてくると、円盤銀河の外側の星は、円盤の内側にある自分の銀河の星々と、ぶつかってきた銀河の星々を足し合わせた質量から重力を感じる。そのため、強く中心部に引かれるようになり、銀河の中心めがけて移動し始める。

3. ところが、裏切りが待っている。なぜなら、衝突してきた銀河は円盤をすり抜けて逃げていくからだ。そのため、しばらくするとまた元の円盤銀河の星々からの重力しか感じなくなってしまう。銀河の中心めがけて移動してきた星々はこの裏切りのため、外側にはじき飛ばされてしまう。

4. そして、これらのはじき飛ばされた星々がリング状に集まる。

これがリング銀河形成のメカニズムである。

M104の場合

ここで、もう一つの意外なリング銀河を紹介しておこう。それは、M104（図3・23）である。おとめ座の方向に見える、代表的な渦巻銀河の一つである。見かけの明るさは9.7等と比較的明るく、双眼鏡や小さな望遠鏡でも見ることができる。いままで見てきた円盤銀河に比べて、バ

図 3.23　M104 の姿． 銀河円盤と異様に大きなバルジ（最近，この異様に大きなバルジは楕円銀河ではないかと考えられるようになった），そして銀河円盤の中にはダスト・レーン（暗黒星雲の帯）がある．おとめ座銀河団の中にあり，距離は約 2800 万光年．（NASA/NASA/JPL-Caltech/R. Kennicutt (University of Arizona), and the SINGS Team）

ルジが極端に大きい。そのため、見かけの形がメキシコの帽子であるソンブレロに似ている。そのため、ソンブレロ銀河という名前でも親しまれてきている。

ところで、M104を見て、一番目につく構造は何だろうか？　それは銀河円盤でもバルジでもなく、銀河円盤にくっきりと刻まれた暗黒の帯のような構造である。そして、この暗黒の帯にもまったく乱れがない。不気味に感じるほど、美しく見えている。

この暗黒の帯の部分には何も存在しないわけではない。じつはダストや冷たい分子ガス雲[12]がたくさんある。主としてダストが背景からやってくる星々の光を吸収したり散乱したりするため、暗く見えている。そのため、ダスト・レーンともよばれている。暗く見えるからといって侮ってはいけない。そこでは、次代の星が育まれているから

図 3.24　スピッツァー赤外線宇宙望遠鏡が撮影した M104. ダストの放射する赤外線が美しいリングを見せている．撮影は波長 3.6 μm, 4.5 μm, 5.8 μm, および 8.0 μm の 4 つの波長帯で行われた．ダストの成分が目立つように 3.6 μm のデータから星の放射する赤外線を評価し，差し引いてある．
(NASA/NASA/JPL-Caltech/R. Kennicutt (University of Arizona), and the SINGS Team)

だ。

　このダスト・レーンの様子を赤外線で見てみよう（図3・24）。外側のリング状に見えているのがダスト・レーンである。なんと、ダストは銀河円盤全体にあるわけではない。まるで中抜けの円盤のように見える。つまり、リングだ。

　M104の円盤の外側に見えるリングはどのようにしてできたのだろう？　円盤が自発的につくったものなのだろうか？　自発的につくる場合、円盤の中で角運動量の再分配が必要である。しかも、ダストを含むガス成分に角運動量を与え、外側に分布してもらうことになる。もちろん、ダストのあるところには星々もあるはずなので、結局は円盤のある部分に角運動量を与え、星とガスやダストをリング状になるように外側に移動してもらうことになる。ついでながら、リングの領域で新たに星を誕生させる。

図 3.25　ハッブル宇宙望遠鏡が可視光で撮影した M104 に似た銀河，ESO 510-G13
(NASA and the Hubble Heritage Team(STScI/AURA))

それらの星々がダストを温め、赤外線を放射するのである。これらのプロセスを銀河が自発的に行うのは至難の技だ。

自発的がだめなら、また他力本願しかない。衝突か合体である。その可能性を示唆する銀河がある。ESO510-G13という名前の銀河だ（図3・25）。この銀河が円盤銀河だとすれば、バルジはM104のように大きい。また、円盤部を見ると、うねりが見える。「ウォープ(warp)構造」とよばれるものだ。この構造も円盤銀河の合体のときによく起こる現象である。そして、M104のようにダスト・レーンがある。つまり、M104によく似た銀河であることがわかる。しかし、この銀河は孤立した一つの円盤銀河ではない。ダスト・レーンのうねりからわかるように、合

12　分子ガス雲の温度は10K（ケルビン）程度しかない。0Kはマイナス273℃だから、10Kはマイナス263℃になる。非常に低温であることがわかる。質量は太陽の100倍から100万倍ぐらいである。一つひとつの大きさはだいたい数光年もあるので、巨大分子ガス雲ともよばれている。

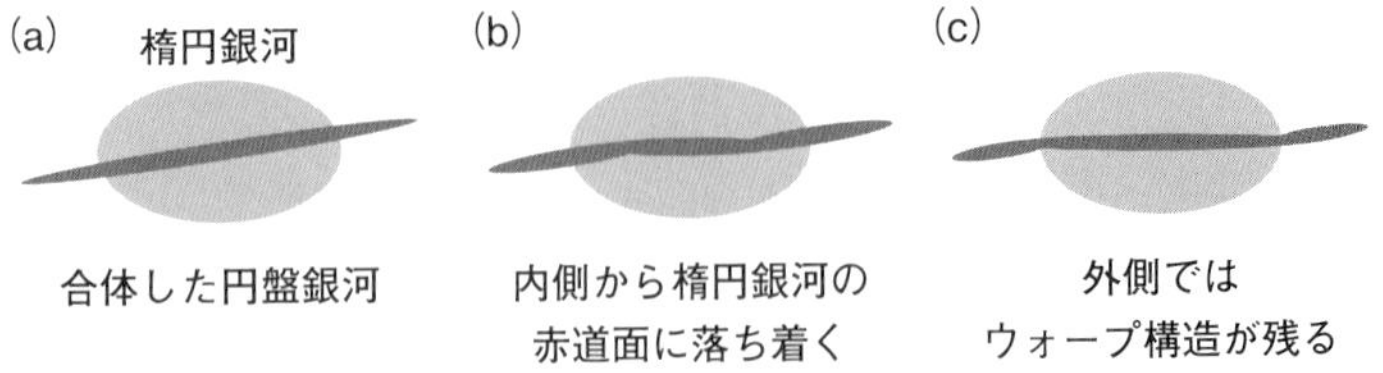

図 3.26　楕円銀河に斜めの方向から円盤銀河が合体してきたときにウォープ構造ができる理由

体銀河である。楕円銀河にガスをたくさん持っていた円盤銀河が合体し、その名残がダスト・レーンとして見えているのだ。

この銀河との類似性を考えると、M104も合体銀河の可能性が出てくる。そう思って図3・20をいま一度見てみると、ダストで輝いているリングは両端に少しだがうねりが見えている。ウォープ構造だ。

ここでウォープ構造のできる理由を説明しておこう。楕円銀河に斜めの方向から円盤銀河が合体してきたとする（図3・26）。円盤銀河は最初、合体軌道面に沿って楕円銀河の中に入っていく。ところが、時間の経過とともに、楕円銀河の赤道面に落ち着くようになる。これは楕円銀河の中を運動する星々にやガスにとって、楕円銀河の赤道面が力学的に安定する面になるからだ。この現象は内側にある星々やガスから起こり始める。なぜなら、回転周期が短いため、早く効果が現れるためだ。外側の星々やガスは回転周期が長いので遅れる。そのため、外側でウォープ構造が残りやすいのだ。このウォープ構造がきれいに見える楕円銀河は第2章で紹介したNGC5128である（図2・11）。

M104は銀河のハッブル分類で代表的なSa型銀河とされてきた。

ところが、スピッツァー赤外線宇宙望遠鏡の結果から

Ｍ１０４＝楕円銀河＋合体してきた円盤銀河

ということになる。あまりに大胆な仮説なので、にわかには受け入れがたいかもしれない。しかし、どうもこれが正解のようだ[13]。

一方、Ｍ１０４のダストで輝くリングの生成メカニズムとして、リング銀河の形成機構を採用することも原理的には可能だ。バルジの大きな円盤銀河に、回転軸方向から別の銀河が突っ込んできた場合である。円盤にガスがたくさんあった場合は、ガスがリング状に広がるので説明はつく。では、普通のリング銀河のように（図３・17）、ぶつかってきたパートナーはあるのだろうか？

Ｍ１０４は、おとめ座銀河団の中にあるので、パートナーはいそうだ。ところが、Ｍ１０４の周りを見ると、まったくそれらしい銀河はない（図３・27）。したがって、普通のリング銀河の形成メカニズムは適用できない。

13　Ｍ１０４には１０００個を超える球状星団がある。円盤銀河でこんなにたくさんの球状星団を持つものはまれで、楕円銀河的な性質であると昔から議論されてきていた。

図 3.27　M104 の周りの一度四方の天域の可視光写真． M104 以外に目立つ銀河は一つもない．（Digitized Sky Survey）

降り注いできた銀河

そうなると、やはり合体説が有望になる。楕円銀河にガスをたくさん持っていた円盤銀河が合体して、楕円銀河の外縁部にリング状の構造をつくるアイデアだ。しかし、そんなことが現実に起こるのだろうか？

答えはイエスだ。その例を見てみよう。それはポーラー・リング銀河とよばれるものだ（図3・28）。銀河の名前はＮＧＣ４６５０Ａ。一見すると、バルジがあって、円盤がある。しかし、なんだか変だ。それはバルジの長軸方向が円盤と直交しているからだ。そんな円盤銀河はない。つまり、これは円盤銀河ではないのだ。

バルジのように見えるのは独立した一

図 3.28　ポーラー・リング銀河 NGC 4650A. 距離は 1 億 3000 万光年.
(NASA and the Hubble Heritage Team(STScI/AURA))

つのS0銀河である。それを真横から見ている。そして、円盤のように見えるのは、このS0銀河に降ってきたガスに富む円盤銀河の残骸である。S0銀河の極方向に広がったリング状の姿をしているので、ポーラー・リングとよばれる。

つまり、一つの銀河が別の銀河に降り注いできたことでリング構造を持つ合体銀河ができ上がることがあるのだ。この銀河にもウォープ構造が見える。

M104の場合は楕円銀河に、赤道面に沿ってガスに富む円盤銀河が降り注いできたと考えられる。その場合、赤道面リングなので、ポーラー・リングではなく、エカトリアル・リングになる。

ESO510-G13のダスト・レーン（図3・25）やNGC4650Aのポーラー・リング（図3・24）は、まだうねった構造になっている。しかしこれらの構造は母銀河の周りを周回運動するうちにだんだんきれいに整っていく。M104のダスト・リングがきれいなのは、合体からかなり時間が経過しているからだろう。

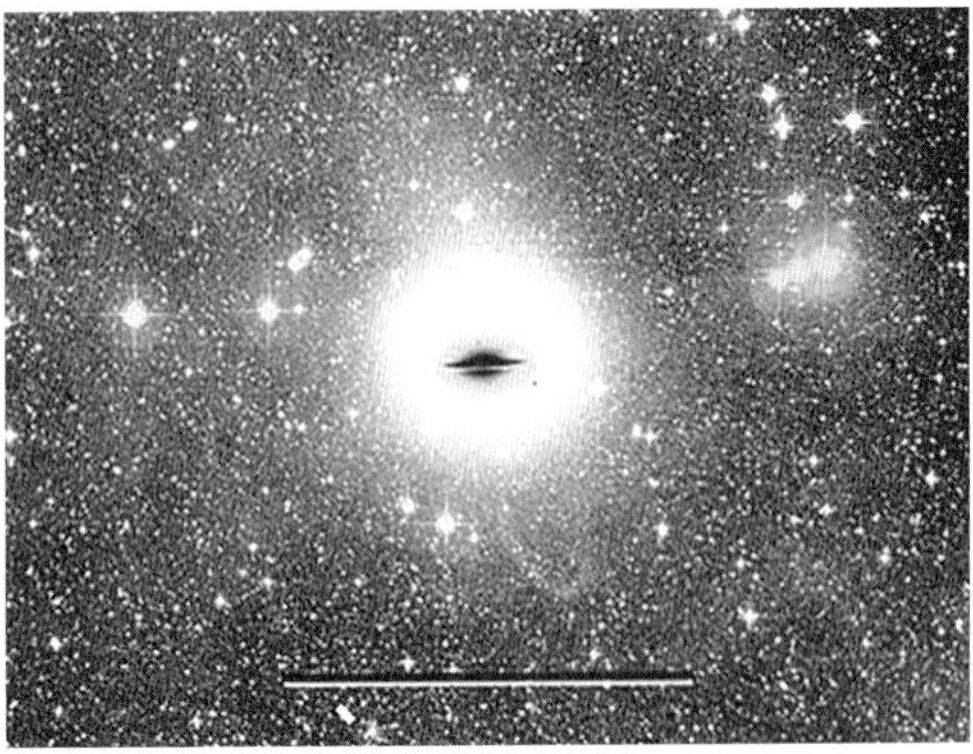

図 3.29　M104 の周囲に広がる淡い構造． 下の横棒は 0.5 度で，約 25 万光年に相当する．

真相やいかに?　真相は図3・29に示されている。M104は円盤の数倍も大きな淡い構造に包まれている。さらに、南北方向には土星のリングのような構造が見える。これは明らかに衛星銀河が合体した証拠だ。M104本体からはかなり離れているので、ストリーム構造の軌道運動の周期は数十億年になる。そのため、まだ消えずに残っているのである。この合体と、ウォープ構造をつくった合体と同じ現象かどうかは確定できない。しかし、M104が合体銀河であることは確定した。

3-8 過去の衝突事件

何がぶつかったのか

ここで、またアンドロメダ銀河に戻ることにしよう。アンドロメダ銀河にリングがあることは確かだ。しかし、リング銀河のように、きれいに円盤の中身が抜けているわけではない。円盤部にもまだたくさん星々が見えるからだ。リング銀河といいたいところだが、アープが見つけた典型的なリング銀河とはいえそうもない。どうにも、歯がゆい感じだ。

ところで、リング銀河になるためには、それなりの質量を持っている銀河が回転軸方向から降ってくることが必要である。アンドロメダ銀河ではそんな出来事が、はたして本当に起こったのだろうか？　もしそうだとすれば、アープの見つけたリング銀河のように、近くにぶつかった銀河が見えているはずだ。しかし、アンドロメダ銀河のそばにそのような銀河は見えない。したがって、小さな軽い銀河がぶつかったと考えるほうがよさそうだ。

アンドロメダ銀河にはにM32とM１１０という衛星銀河がある。また、他にも約30個もの衛星銀河がいままでに見つかってきている。とはいえ、M32やM１１０と比べると、そのほとんどは軽い小さな衛星銀河である。

ここで、一つ重要な疑問がわいてくる。

アンドロメダ銀河にはいま見える衛星銀河しかないのか？

この疑問である。そんなはずはない。すでに合体してしまった衛星銀河だってあるはずだ。もしそうだとすれば、その痕跡は残っているかもしれない。痕跡があれば、過去にあった合体の動かぬ証拠となる。そして、その合体がアンドロメダ銀河の円盤にリング構造をつくったかもしれない。これは、調べてみる価値がありそうだ。

ここで一つ問題になるのは

小さな軽い銀河が合体した痕跡は弱くて暗い 暗いと探しにくい

ということである。したがって、アンドロメダ銀河の周りの淡い構造を調べる必要がある。こんなとき役に立つのがスローン・デジタル・スカイ・サーベイ（ＳＤＳＳ）のデータだ。

ＳＤＳＳは口径2.5メートルの専用反射望遠鏡に高性能ＣＣＤカメラを使って、全天の約４分の1を撮影した。ＣＣＤカメラは半導体撮像素子を用いた検出器だが、写真に比べて約40倍も感度が高い。そのため、非常に淡い構造を検出するにはもってこいのカメラだ。

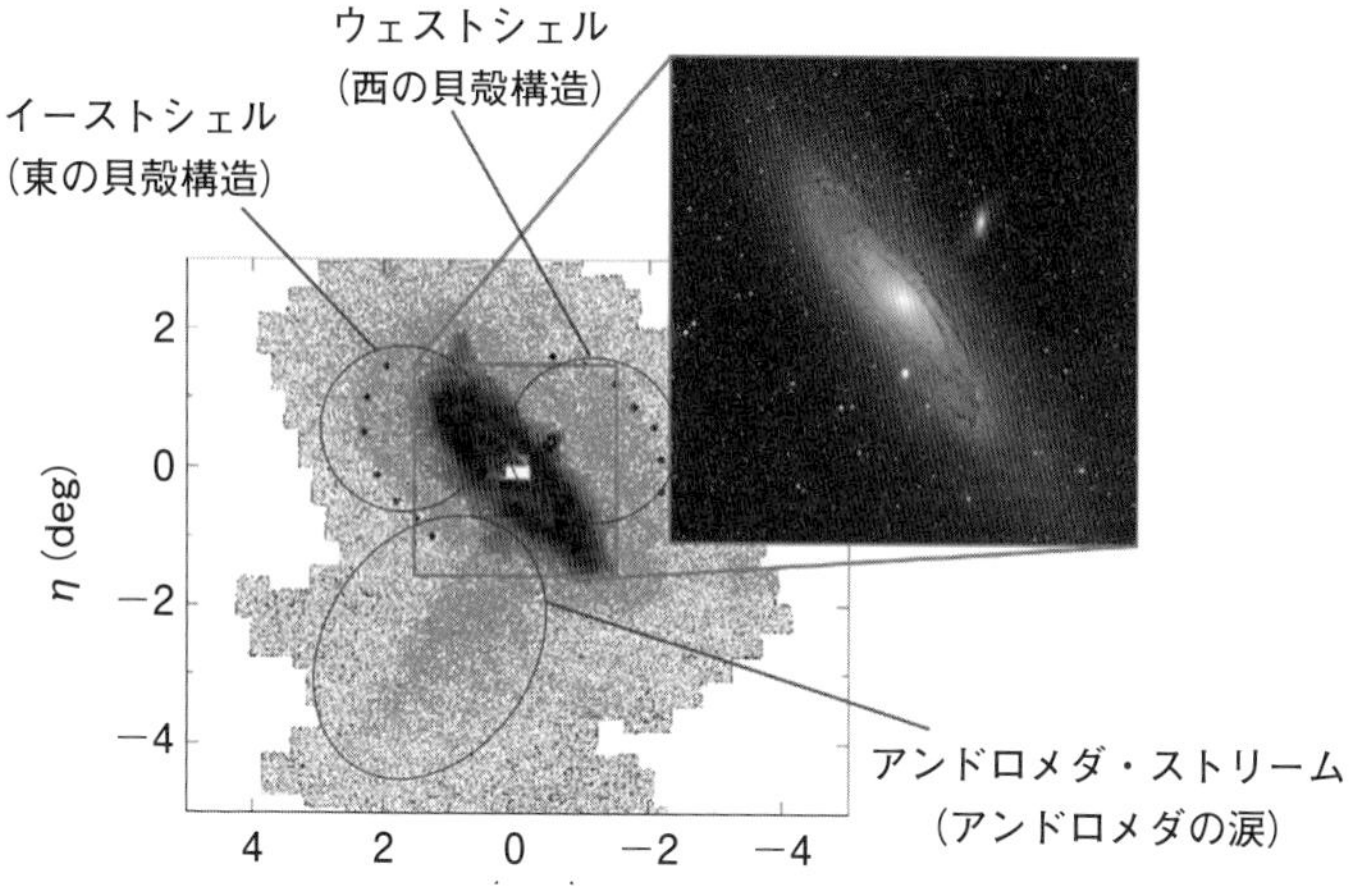

図3.30　アンドロメダ銀河の南東側(左下側)に伸びるアンドロメダ・ストリーム（アンドロメダの涙）. 全長は40万光年.
（口絵参照，提供：筑波大学 森正夫）

アンドロメダの涙

じつは、私たちはすでにSDSSが観測したアンドロメダ銀河の姿を見ている（図3・5）。これを見てわかるように、アンドロメダ銀河の本当の姿は、いままで見慣れた姿に比べ、はるかに大きい。

だが、驚くのはまだ早い。今度は図3・30を見ていただこう。同じくSDSSのデータだが、アンドロメダ銀河の南東側（左下）に淡く吹き出たような構造を見やすくなるようにしたものである。この吹き出た構造は「アンドロメダ・ストリーム」とよばれている。ここで、ストリームは流れているような構造を意味する。

いままで見なれたアンドロメダ銀河からは想像もできない構造だ。人類は、長い期間にわたりアンドロメダ銀河を何回も観測

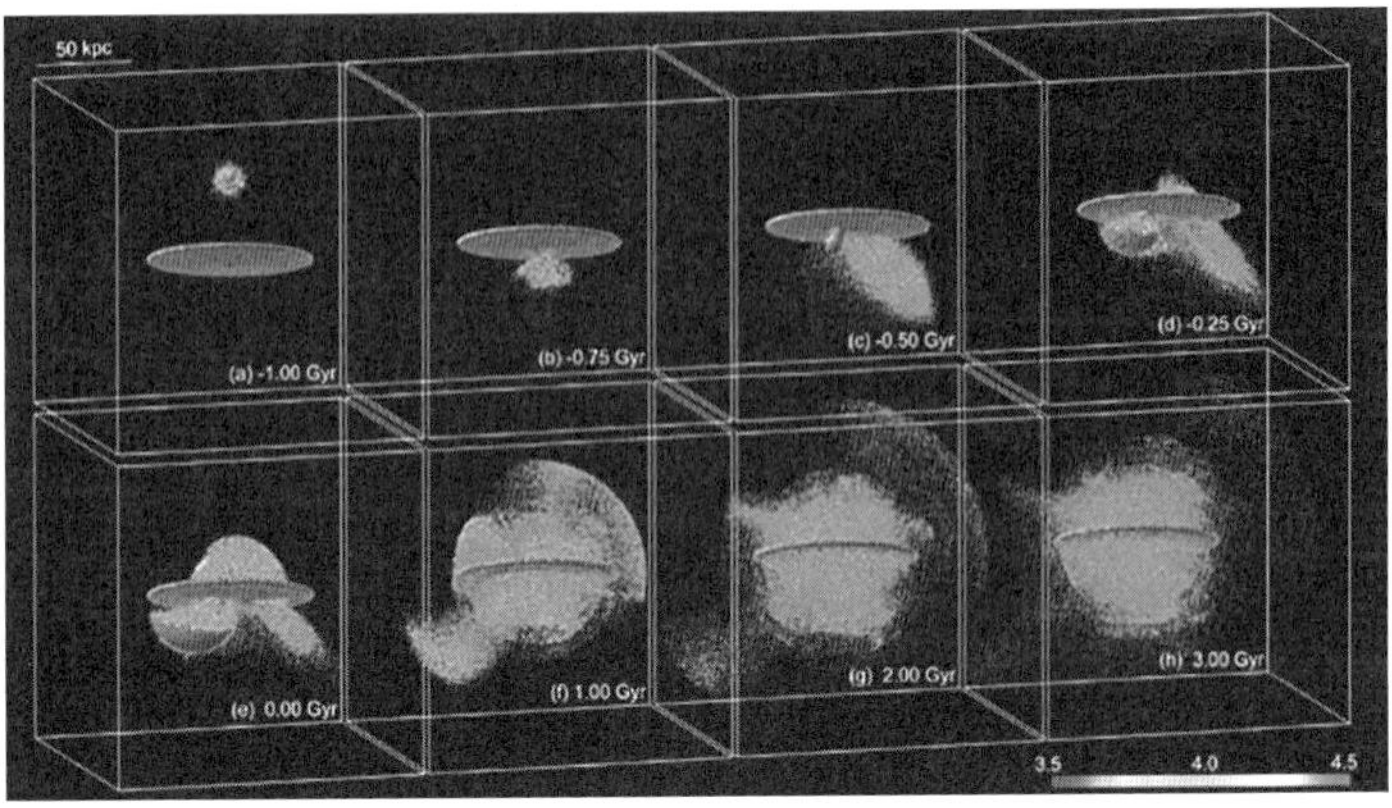

図 3.31　コンピュータ・シミュレーションで再現されたアンドロメダ・ストリーム． アンドロメダ銀河に矮小《わいしょう》銀河が合体していく様子．（a）現在から 10 億年前，（b）7.5 億年前，（c）5 億年前，（d）2.5 億年前，（e）現在のアンドロメダ [右下に伸びた構造がアンドロメダ・ストリーム]，（f）10 億年後，（g）20 億年後，（h）30 億年後．（口絵参照，提供：筑波大学 森正夫）

してきたはずである。しかし、誰一人、この構造の存在に気がついた人はいなかった。何も考えずに高性能カメラで全天を調べてみる。そんな観測がアンドロメダ銀河の知られざる構造をあぶり出したのだ。観測技術の発展に感謝したい。

このアンドロメダ・ストリームはどのようにしてできたのだろうか？　考えられるのは、やはり銀河の合体である。ただし、あまり大きな銀河がぶつかってきたとは思えない。もしそうなら、ぶつかってきた銀河が見えて然るべきだからだ。ところが見えるのはストリームだけ。すると答えは決まる。アンドロメダ銀河に比べて十分軽い小さな銀河がぶつかったのだろうということだ。つまり、過去に起こった衛星銀河の合体である。

そして、その予測は当たりだった。衛星銀河の合体を考えることで、ストリーム構造がコンピュータ・シミュレーションで見事に再現されたからだ。その結果を図3・31に示した。

このシミュレーションから推定される衛星銀河の質量は太陽質量の10億倍。小マゼラン雲程度の質量に相当するので、銀河としてはかなり軽い。アンドロメダ銀河の円盤部の星の総質量が太陽質量の約700億倍なので、円盤に比べて70分の1の質量である。それでも、合体の影響は結構大きなものになっている。

図3・31で目につく構造は、南東側（図では左下）に伸びるストリームだけではない。衝突後、10億年（1Gyr）経過した図を見ると、ストリームと反対方向に、シェル（貝殻）のような不思議な構造が見えているのがわかるだろう。これは衝突の影響で吹き飛ばされた星々がつくる構造である。では、このような構造は実際には見えているのだろうか？　気になるところだ。

さらなる構造

その後、すばる望遠鏡の観測で新たなストリーム構造が見つかってきていた（図3・32）。白丸で囲んだ領域の構造が新たに見つかったものだ。シェルの一部を見ている可能性もある。

これらの構造はアンドロメダ銀河の中心から約30万光年も離れている。もし、衝突の影響で吹き飛ばされた星々の平均速度が秒速100キロメートルだとすると、この距離までくるのに約10億年もかかる。これは「アンドロメダの涙」を形成するシミュレーションで予想される経過時

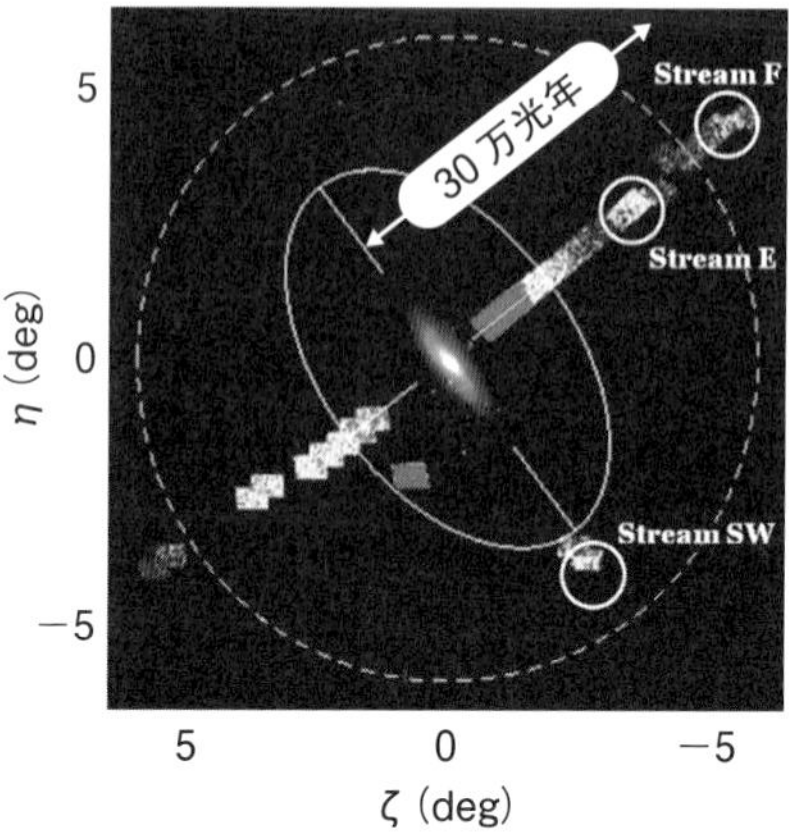

図 3.32　すばる望遠鏡で見つかった，アンドロメダ銀河の新たなストリーム構造（白丸で囲んだ領域）；ストリーム SW，ストリーム E，およびストリーム F. いままで見てきたアンドロメダ・ストリームは南東側（左下）に見えている．すばる望遠鏡は SDSS に比べてより暗い構造まで見えるので，図 3.31 に示したストリームより，遠いところまで見えている．
(Raja Guhathakurta)

間と一致する。

では、すばる望遠鏡の探査で見つかった新たなストリーム構造は「アンドロメダの涙」の形成と関係しているのだろうか？　そこで、「アンドロメダの涙」と新たなストリーム構造の位置関係を調べてみることにしよう（図３・33）。この比較を見ると、ストリームSW、ストリームE、およびストリームFは「アンドロメダの涙」とは無関係といえるほど離れている。したがって、別の矮小銀河が過去にアンドロメダ銀河に合体し、その残骸が見えている可能性のほうが高い。

じつは、このことはその後の観

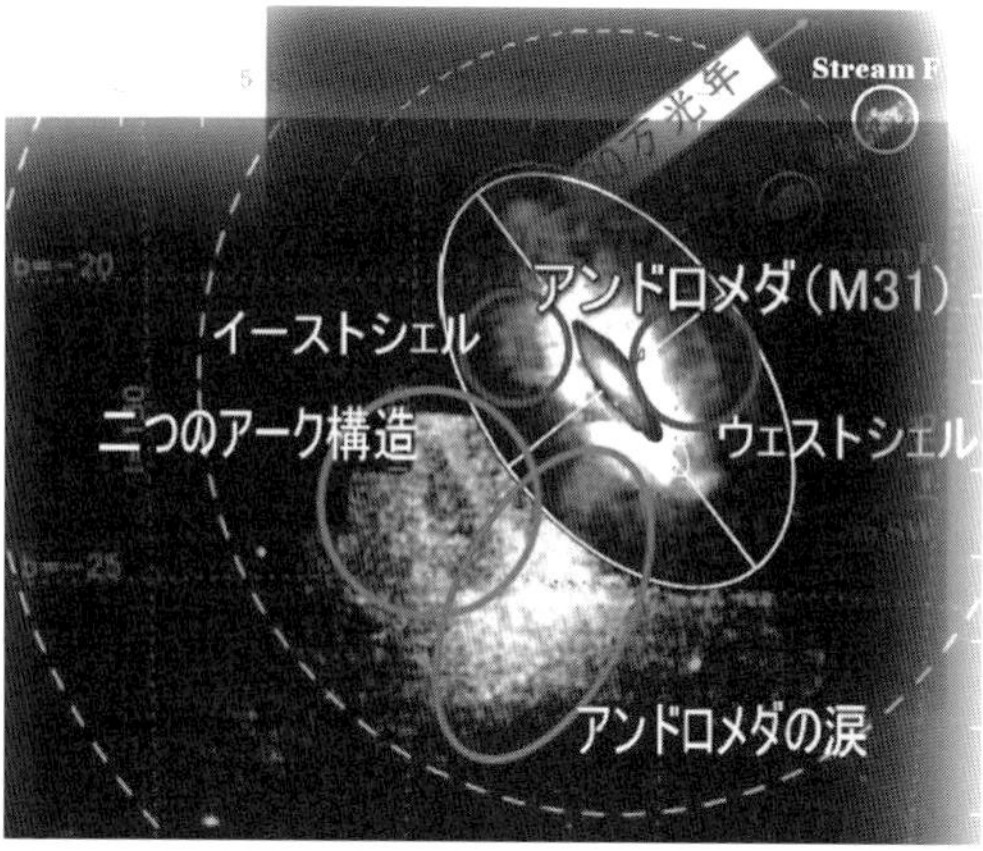

図3.33　新たなストリーム構造，ストリームSW，ストリームE，およびストリームF（図3.32）と「アンドロメダの涙」の位置の比較． アンドロメダの新たなストリーム（すばる望遠鏡），アンドロメダの涙．
（口絵参照，提供：筑波大学　森正夫）

測で確認された。図3・34にマウナケア山の山頂にあるカナダ・フランス・ハワイ望遠鏡（3-10節で詳しく紹介する）で撮影されたアンドロメダ銀河の姿を示す。アンドロメダの涙とは逆方向（図中では斜め右方向）にストリーム構造がいくつか伸びていることがわかる。また、右側にも弓状の構造が見える。これらがすばる望遠鏡の観測で発見されたストリーム構造に相当する。やはり、アンドロメダの涙を形成した合体現象とは関係がなく、異なる衛星銀河の合体の名残であると考えたほうがよい。

　アンドロメダ銀河は、図3・1を見る限り、普通の銀河としか思えなかった。ところが、その普通の銀河にも、過去にいろいろな出来事があったということである。苦労しているのは、私たち人間だけではなさそうだ。

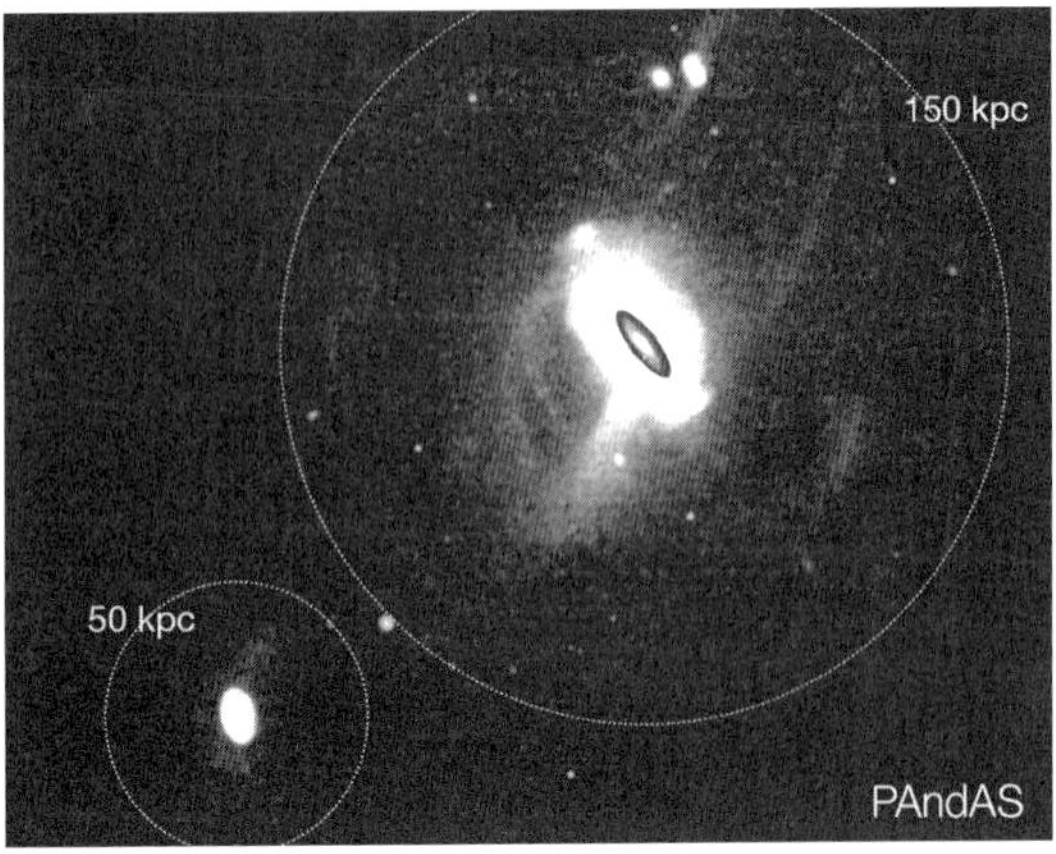

図 3.34　カナダ・フランス・ハワイ望遠鏡で撮影されたアンドロメダ銀河． 左下に見える銀河は M33．右下の文字 “PandAS” は観測プロジェクトの名前で，これについても 3-10 節で紹介する．スケールを示す円はアンドロメダ銀河の周りのものが 150 kpc（約 50 万光年）で，M33 の周りのものが 50 kpc（約 16 万光年）である．(CFHT)

3-9　アンドロメダ銀河の正体

リングを見直す

アンドロメダ・ストリームは過去に衛星銀河がアンドロメダ銀河に落ち込んだ動かぬ証拠である。しかし、落ち込んだ銀河の質量は軽く、現在見ることができるM32やM110に比べて小さなものだったようだ。では、どのような銀河がアンドロメダ銀河に衝突したのだろう。

アンドロメダ銀河のリング構造をいま一度見てみよう。図3・18で見せたダストの空間分布の図を、再び図3・35に示した。

図3.35　アンドロメダ銀河のリング構造. 衛星銀河M32の位置も示してある.

二つのリング

外側のリングは明瞭だが、一つのリングというより、2本のリングがあるようにも見える。さらによく見ると、内側にも小さなリング構造が見えている。

まず、外側の複雑なリング構造について考えてみよう。仮に

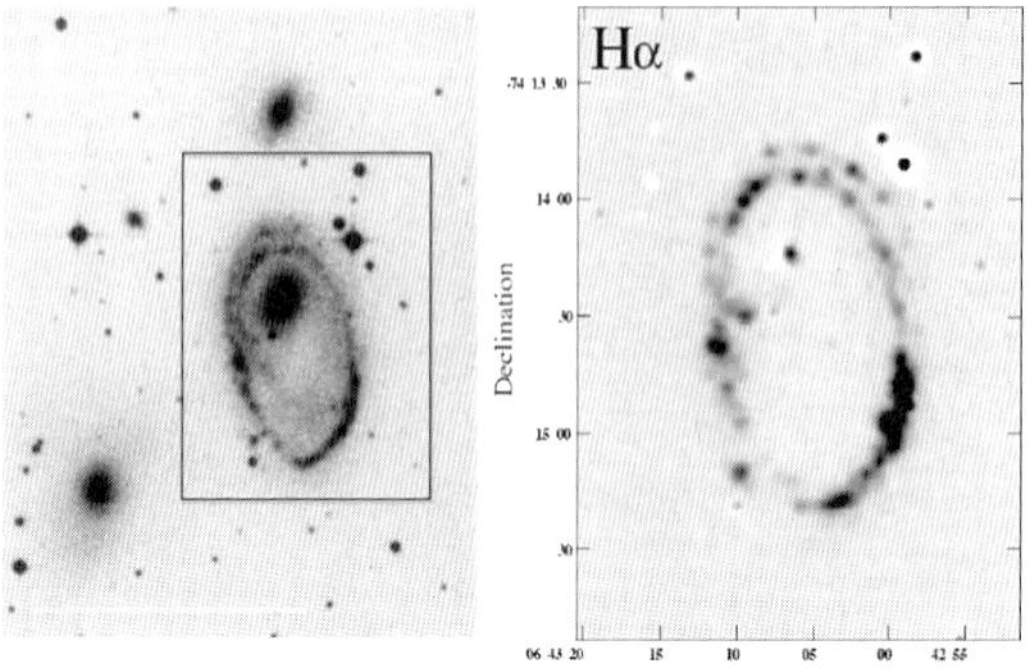

図 3.36　二重リング構造を持つリング銀河 AM 0664-741 の可視光写真（左）．左図の小さな四角部分をクローズアップしているが，水素原子の再結合線である Hα 輝線（波長 656.37 nm）の波長帯だけを透過するフィルターを用いて撮影されている（右）．そのため，大質量星によって電離されたガス領域のみが見えている．
（左図：NASA/IPAC；右図：Higdon & Wallin 1997, ApJ, 474, 686）

アンドロメダ銀河の円盤には二つの外側リングがある

としよう。

二重リング銀河

ところで、円盤に二つのリングがあるような銀河はあるのだろうか？　じつは、ある。それはＡＭ０６４４－７４１という名前のリング銀河だ（図３・３６）。

では、なぜ二つのリングができるのか。

一つのアイデアはこうだ。

この銀河には、元々たくさんのガスがあった

ぶつかってきた銀河の影響で星々だけ

でなくガスもリング状に吹き飛ばされた

吹き飛ばされたガスのリングは、ある程度の幅を持ってしまった

ガスリングの銀河の中心に向いた部分と、その反対側の部分で星が活発に生まれた

すると、図3・23の右側の図にあるように、星が活発に生まれている二重リングになる

というわけだ。

もちろん他の可能性もある。

二つの別の銀河がたまたま回転軸方向からぶつかってきた

そう思って、AM0644-741の写真を眺め直してみると、思わせぶりに二つの銀河が寄り添っている。ひょっとしたら、これらの銀河がそれぞれぶつかったのかもしれない。

ところが、まだ別の可能性もあるのだ。

一つの銀河が回転軸方向からぶつかってきた後、さらに戻って、もう一度アタックした

これも可能性としては否定できないが、やや難点がある。それは、一つの銀河が回転軸方向からぶつかった後、円盤が元に戻るまで時間がかかることだ。それを見計らって、もう一回同じ銀河が回転軸方向からぶつかったというのは、奇跡的な出来事だ。広い宇宙ではそういう奇跡も起こり得るということだ。

もちろん、AM０６４４-７４１の二重リングがどうやって形成されたかは、まだ明らかになったわけではない。ただ、リングが二つあるリング銀河が存在することは確かだ。その意味で、アンドロメダ銀河の円盤に二つのリングがあっても不思議ではない。

車輪銀河の秘密

次の問題は内側に見える小さなリングである。外側に広がる大きなリング。それはリング銀河の象徴だろう。ところが、このような大きなリングの他に、内側にもう一つ小さなリングを持つリング銀河もある。それが「車輪銀河」とよばれる銀河だ（図３・37）。この銀河にぶつかってきたのは右側中央にある不規則な形をした銀河だと考えられている。

車輪銀河の画像を見ると、確かに外側と内側に二つのリングがある。内側のリングはダストがかなりあり、それらが青い光を吸収してしまうので、色は黄色っぽく見える。

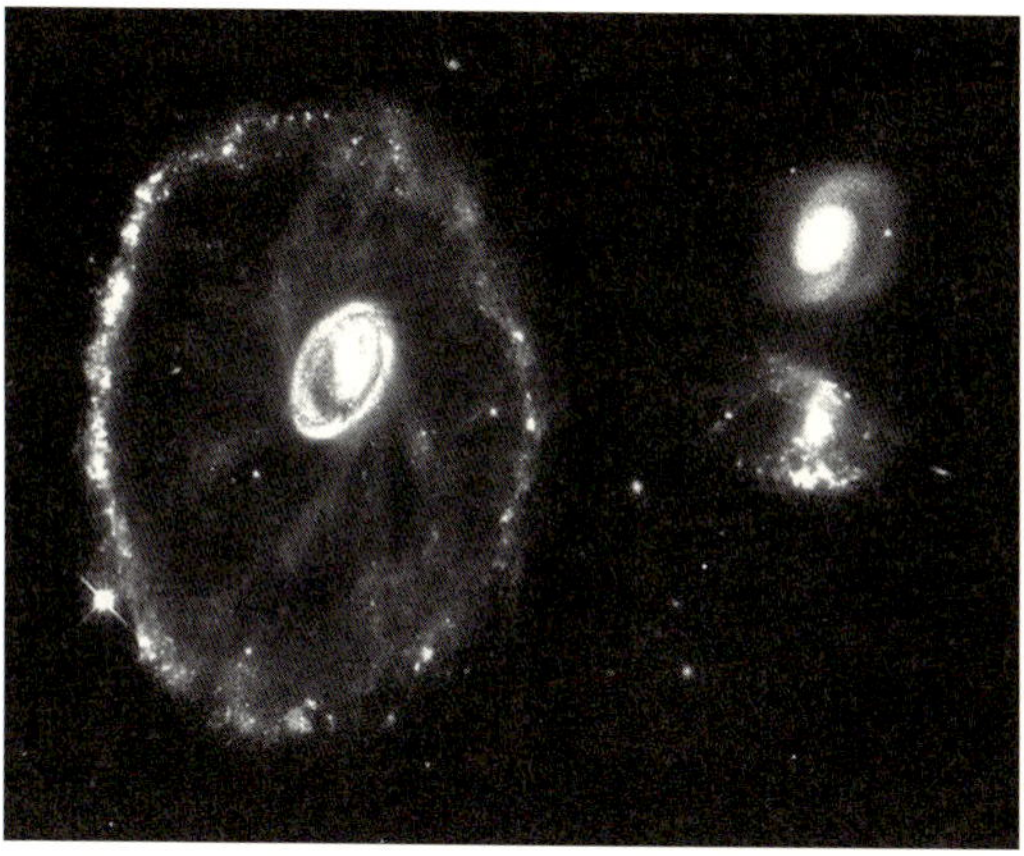

図 3.37　車輪銀河. 外側と内側にリングが見える．二つのリングの間には車輪のスポークのような模様も見える．右側に見える二つの銀河のうち，上側の銀河が車輪銀河に衝突した銀河だと考えられている（衝突は約２億年前に起きた）．（ESA/Habble, NASA）

車輪銀河にはもう一つ不思議な構造が見える。それは外側と内側のリングをつなぐように見えているものだ。まるで車輪のスポークのようなので、スポーク構造とよばれている。

車輪銀河には、元々ガスがたくさんあったようだ。そのような場合、ガス自身の重力も無視できない。別の銀河が円盤の回転軸方向から衝突してくると、星々はリング構造をつくる。ところが、ガスは途中で不安定になってスポーク構造をつくることがコンピュータ・シミュレーションで確認されている。スポークの中はガスの密度が高くなるので、星が生まれ、可視光でも見えるようになるというわけだ。そして、その気になってアンドロメダ銀河を見てみると、外側と内側のリングを結んでいるような、まさにスポーク構造があることに気がつく（図3・35）。

アンドロメダ銀河は車輪銀河のようにはっきりとしたリング銀河ではない。それにしても、調べれば調べるほどリング銀河の様相を呈してくることも確かだ。

犯人探し

さて、いよいよ犯人探しだ。

アンドロメダ銀河をリング銀河にしたのは誰か？

この問題について考えてみよう。

その答えは意外かもしれない。なぜなら答えは、

M32である！

というものだからだ。もちろん断定できない。しかし、かなりいい線をいっている答えのようでもある。

その証拠を見てみることにしよう。図3・38にアンドロメダ銀河と相互作用するM32の影響を

コンピュータ・シミュレーションした結果を示した。この図の一番下のパネルにM32の場所が示してあるが、M110に比べると、アンドロメダ銀河の本体に近い所にいることがわかる。実際に、可能性のある軌道を仮定してコンピュータ・シミュレーションしてみると、見事に

外側のリング
内側のリング
二つのリングを結ぶスポーク構造

が再現されることがわかったのだ。

一方、M32が衝突しなかった場合は、アンドロメダ銀河はきれいな渦巻銀河のまま現在を過ごしていたことがわかる（図3・39）。

もちろん、あくまでもこれは仮定の話である。しかし、ここまで観測的な状況証拠がそろい、コンピュータ・シュミレーションによる確認実験もなされた。どうやら、アンドロメダ銀河の不思議な姿をようやく正しく理解できるようになってきたのではないかと感じるのは私だけではないだろう。

このシミュレーションではM32の質量をアンドロメダ銀河の10分の1としている。もちろん、現在のM32の質量はこれよりはるかに軽い。しかし、アンドロメダ銀河との遭遇の際に、大半の

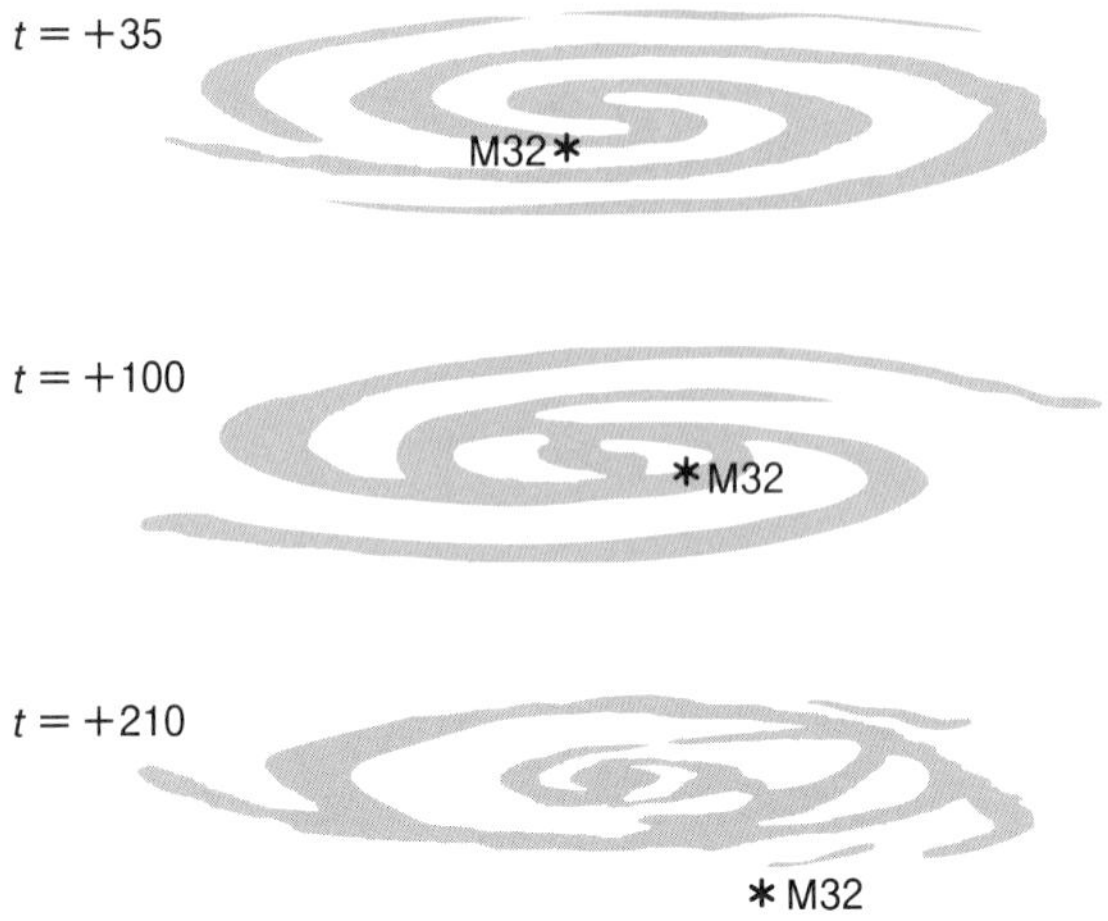

図 3.38　アンドロメダ銀河と M32 の衝突. 外側と内側のリングができる．またそれらの間にはスポーク構造もできている．左上にある t は合体のシミュレーションで用いられている経過時間で，単位は 100 万年.
(Block *et al.* 2006, Nature, 443, 832 より改変)

星々やガスは潮汐力ではぎ取られた可能性が高い。そのため、初期の質量は重めにしてある。

このように衛星銀河M32の合体はアンドロメダ銀河の円盤の形を変えることができる。また、合体の影響は円盤にある星々とガスに同じ影響を与える。そのため、図3・16で見たように、星でもガス（ダスト）でも同じようなリング構造になっているのである。

アンドロメダの涙とM32

では、M32はどうやってアンドロメダ銀河に衝突してきたのだろう？　最初から、いま観測されるように軽い銀河ではなかったはず

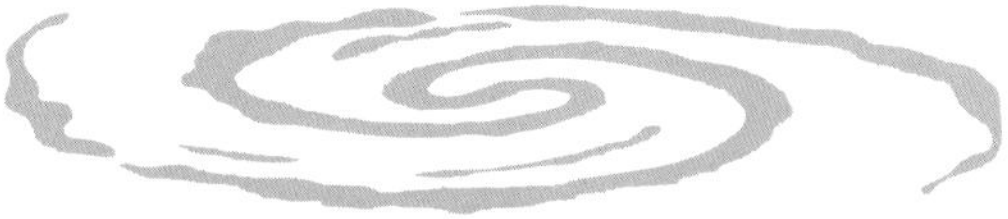

図 3.39　アンドロメダ銀河が M32 と衝突しない場合の，アンドロメダ銀河の形態の進化． 外側にも内側にもリングはできないことがわかる．
(Block *et al.* 2006, Nature, 443, 832 より改変)

だ。実際、アンドロメダ銀河の円盤にリングをつくる場合のシミュレーションでは（図３・38）、Ｍ32の質量をアンドロメダ銀河の10分の１としていた。

しかし、これはあくまでも仮定である。もっと重い場合だってあり得るだろう。そして、その場合を考えた天文学者がいる。米国・ミシガン大学のリチャード・ドウ・ソウザとエリック・ベルの二人だ。彼らはＭ32の最初の質量をアンドロメダ銀河の３分の１にしてみた。まず、このＭ32の最初の状態にある銀河をＭ32ｐとする。ここで、記号のｐは progenitor（前駆体）を意味する。Ｍ32ｐについてまとめておこう。

質量：*M*（Ｍ32ｐ）＝*M*（アンドロメダ銀河）の３分の１
形態：円盤銀河
アンドロメダ銀河に斜め上から衝突するような軌道を取る

Ｍ32ｐはかなり大きな円盤銀河になる。図３・40に近傍にある銀河とのサイズの比較を示した。つまり、近傍の宇宙では、アンドロ

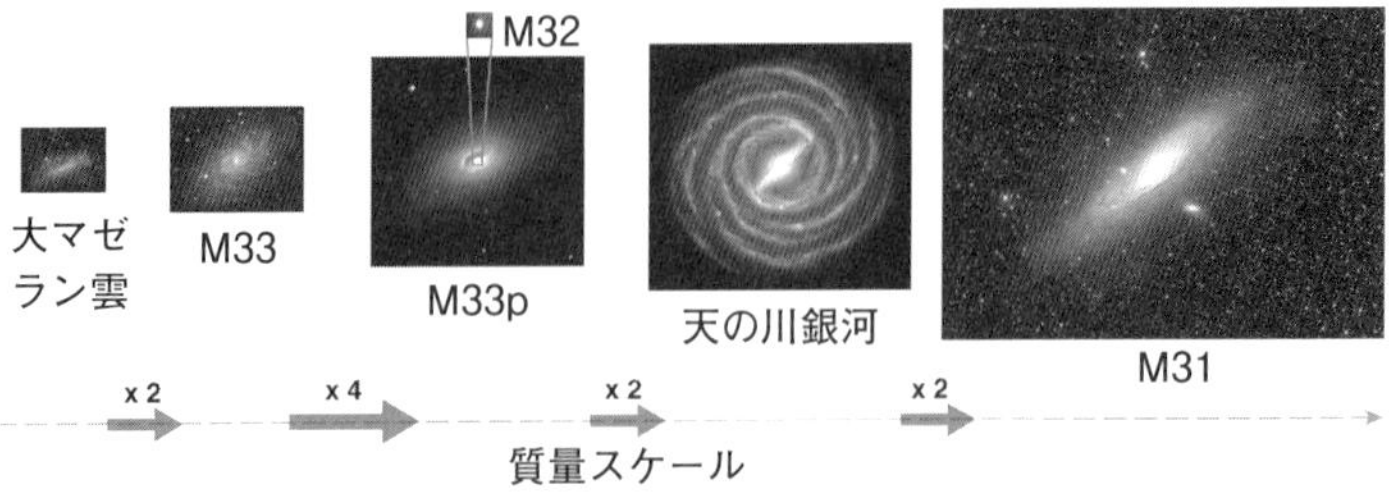

図 3.40　M32p と他の銀河とのサイズの比較. 左から大マゼラン雲, M33（さんかく座にある渦巻銀河. 次節で紹介する), M32p, 天の川銀河, そしてM31（アンドロメダ銀河).

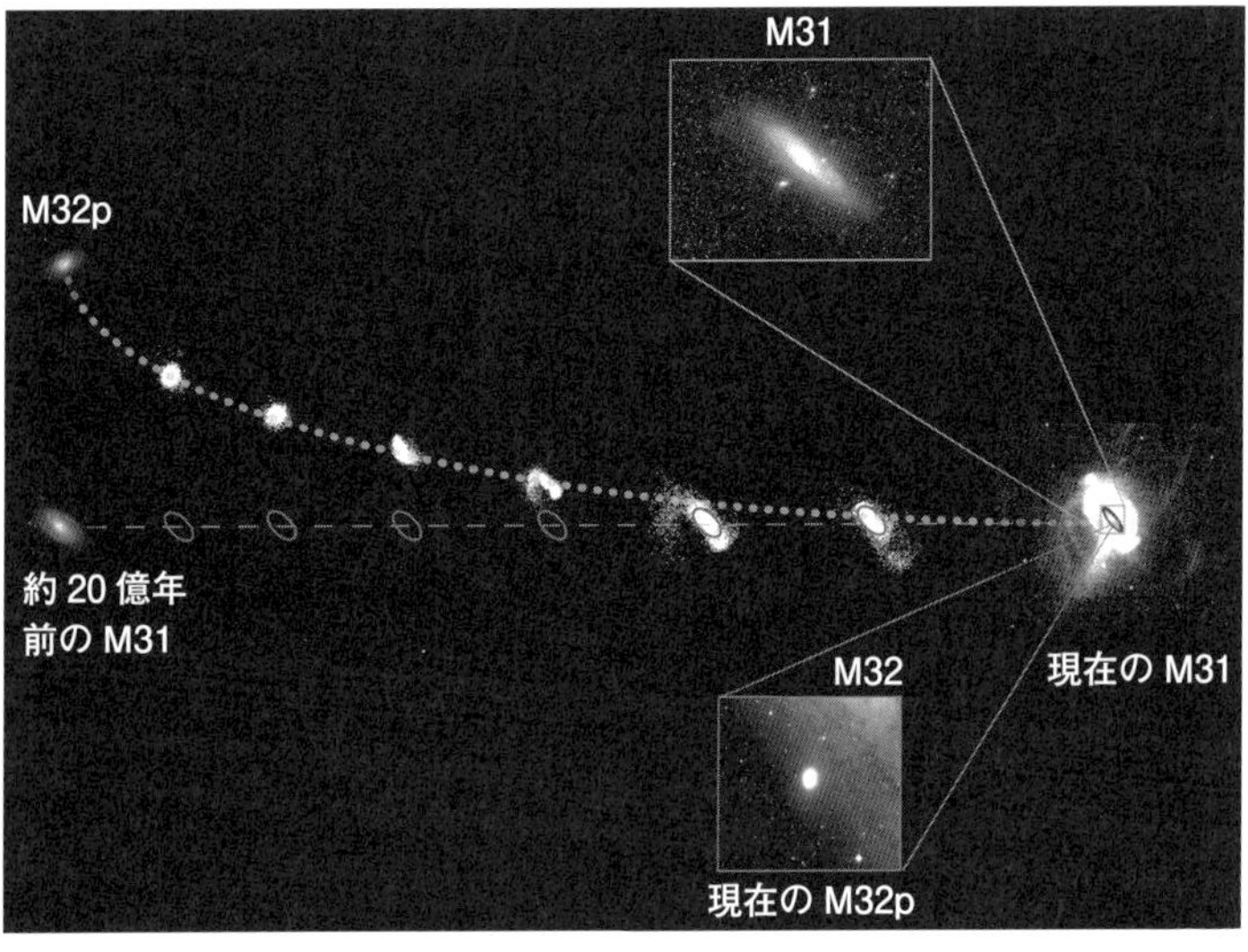

図 3.41　初期条件（約 20 億年前）: M31 ＝最初は左の中央部に位置していた, M32p ＝最初は左のやや上に位置していた. 両者が衝突していく様子が示されているが, 途中経過では, M32p の形態の変化だけ示されている. アンドロメダ銀河の現在の姿は一番右に示されている. アンドロメダの涙の姿（図 3.33）が再現されていることがわかる.

メダ銀河、天の川銀河に次いで三番目に大きな円盤銀河だったことを意味する。

「M32pはかなり大きな円盤銀河であった」、この仮定は意外に思われるかもしれないが、理にかなっている。それは現在のM32の中心部に超大質量ブラックホールがあるからだ。質量は太陽の約250万倍もある。天の川銀河の中心にある超大質量ブラックホールの質量、太陽の430万倍、とあまり変わらない。円盤銀河の中心にある超大質量ブラックホールの質量はその銀河のバルジの質量の約1000分の1にそろっている。[14] つまり、M32の前駆体としては天の川銀河の半分ぐらいの大きさであったとしても不思議はないのだ。ちなみに、アンドロメダ銀河の中心にある超大質量ブラックホールの質量は太陽の1億4000万倍もある。アンドロメダ銀河のバルジが大きいので、これも納得できる質量だ。

では、シミュレーションの結果を見てみよう（図3・41）。結果をまとめるとこうなる。

アンドロメダ銀河とM32pは約20億年前に合体軌道に入った

M32pがアンドロメダ銀河に近づくにつれ、アンドロメダ銀河による潮汐力の効果で、

14　この比例関係は銀河本体と銀河の中心にある超大質量ブラックホールが物理的にリンクしてともに進化してきたことを意味する。しかし、そのメカニズムは不明であり、未解決の大問題として研究が進められている。

M32pの円盤にあった星々がはぎ取られていく

最初の質量より軽くなったM32pはアンドロメダ銀河の円盤に衝突する

その結果、アンドロメダの涙（アンドロメダ・ストリーム）を形成する

何回かアンドロメダ銀河の円盤を通過し、さらに質量が軽くなり、現在の位置にくる

なんと、M32はアンドロメダ銀河の涙をつくり、そして、アンドロメダ銀河の円盤のリングもつくったのだ。ミシガン大学チームのシミュレーションではリングの形成までは確認していないが、状況的には図3・31に示したような軌道を通ってアンドロメダ銀河の円盤を通過してくるので、リングができることが予想される。

はぎ取られる銀河

M32は、いまはアンドロメダ銀河のそばに見える小さな衛星銀河でしかない。しかし、シミュレーションから予想されることは、ささやかに見えるM32も、以前は大きな円盤銀河であったことである（図3・42）。

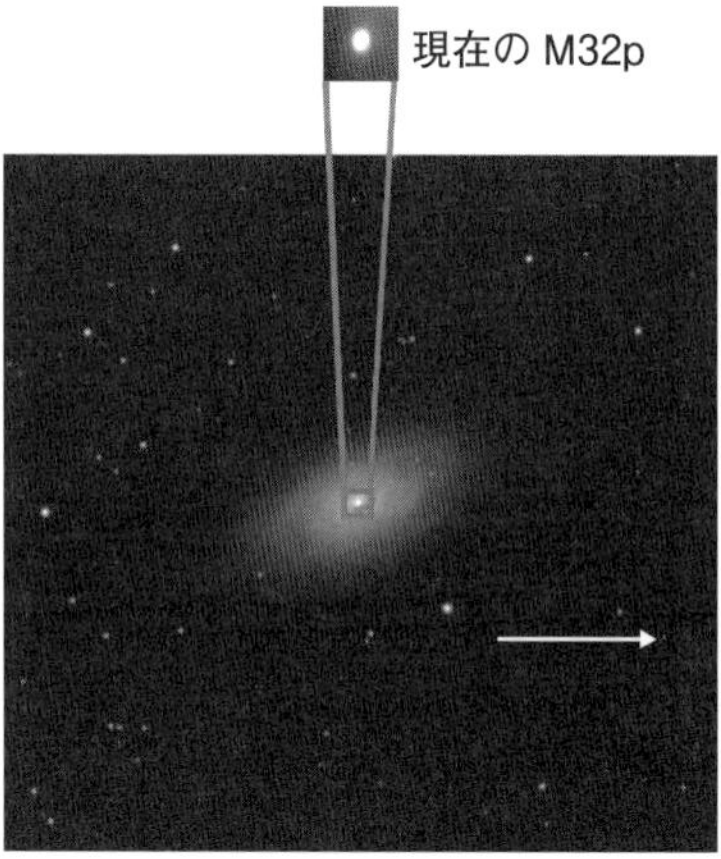

図 3.42　M32p（20 億年前の M32）と現在の M32 の比較

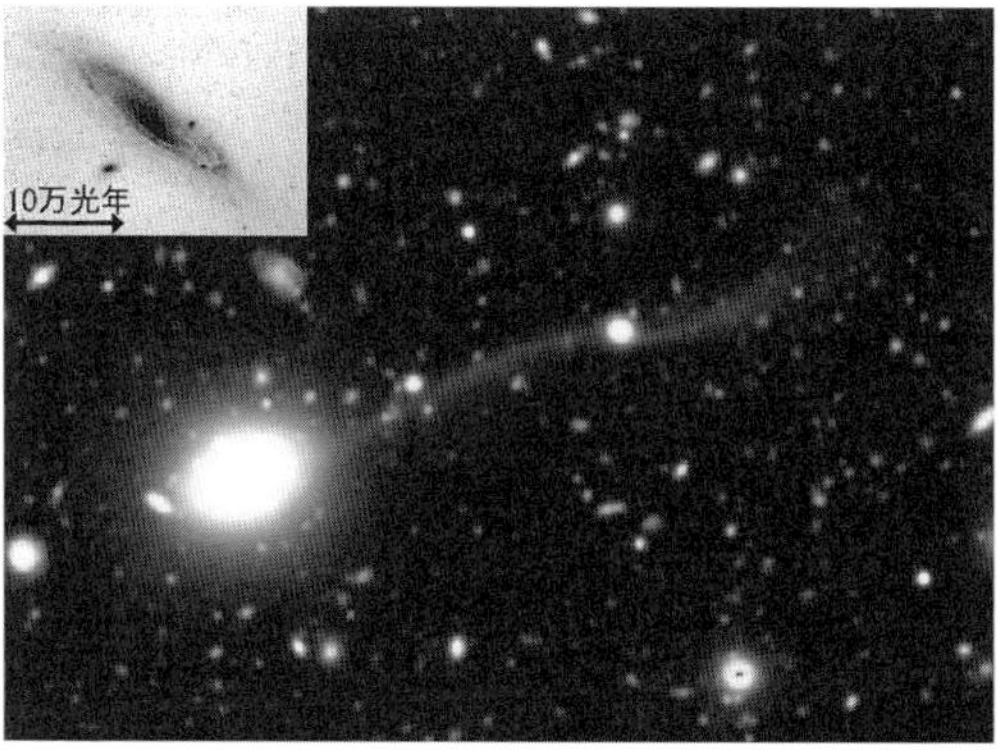

図 3.43　ハッブル宇宙望遠鏡のコスモス・プロジェクトの観測で発見された銀河スレッシングの現場．サイズを比較するために左上にアンドロメダ銀河を示してある（この成果は筆者たちのグループのものだ）．
（国立天文台 すばる望遠鏡）

図3.44　CFHTで撮影されたM110のディープな可視光写真　(CFHT, 2008)

銀河同士の衝突では潮汐力（図３・13）の影響で、銀河の形態が大きく変わるが、より大きな影響を被るのは軽いほうの銀河である。ここで、その実際を見てみることにしよう。

潮汐力による銀河の星のはぎ取りは「銀河スレッシング」とよばれている。そのよい例を図３・43に示した。左側に大きな楕円銀河（COSMOS J100003+020146）が見える。その右側には潮汐力で壊されつつある矮小銀河（COSMOS J095959+020206）が見えている。そして、この矮小銀河からは、楕円銀河に向かう方向と、その反対方向に伸びる帯のような構造が見える。帯の長さは約50万光年もある。

この帯にあるのは矮小銀河にあった星々である。これらは二度と矮小銀河に戻ることはなく、楕円銀河に飲み込まれたり、銀河間空間に取り残されたりする。

M32もアンドロメダ銀河の潮汐力でこのような銀河スレッシングを経験してきたのだろう。ところで、アンドロメダ銀河のもう一つの衛星銀河M１１０はどうなのだろうか？　図３・１を見る限り、穏やかな姿をしている。しかし、実際は違う。観測時間を長くして撮影した淡い構造を見てみよう（図３・44）。なんと、ウォープ構造が見えるではないか。しかもウォープはアンドロメダ銀河に向かう方向とその反対側に出ている。つまり、アンドロメダ銀河から被る潮汐力でスレッシングされているのだ。Ｍ１１０も潮汐力で破壊されて、Ｍ32のようにコアの部分だけ残る、より小さな銀河になっていくだろう。

こうして、銀河は見かけによらないものであることがわかった。しかし、意外な出来事はまだ続く。

3-10 意外な出来事

M33

アンドロメダ銀河の比較的近くに、もう一つ渦巻銀河があることが、メシエの時代から知られていた。さんかく座の方向に見えるＭ33である（図３・45）。見かけの等級は5.7等なので、肉眼でかろうじて見える明るさだ。双眼鏡や小さな望遠鏡があれば、簡単に見ることができる。Ｍ33までの距離は２５０万光年なので、アンドロメダ銀河の近くに存在している。

この画像を見ると、Ｍ33は端整な姿をした渦巻銀河のように見える。このように一見、普通

図 3.45　さんかく座に見える渦巻銀河 M 33. いくつもの渦巻腕があるマルチプル・アーム渦巻銀河である．渦巻腕では活発に星が生まれている．
（NASA/JPL-Caltech）

に見える銀河は、ある程度孤立した環境にいて、他の銀河とぶつかったことはないように思われるだろう。しかし、考えてみると、近くには巨大なアンドロメダ銀河があるので、何がしかの影響を受けてきたと考えるほうが、じつは自然だ（図3・46）。

では、過去にどんな出来事があったのか、調べることはできるだろうか？　簡単ではないが、調べることはできる。それは「銀河考古学」とよばれる学問を利用することだ。

たとえば、二つの銀河がぶつかったとしよう。すでに紹介したM51はまさに最近ぶつかった銀河の例である（図3・6と図3・7）。ぶつかった直後は互いの重力の影響で潮汐力が働き、それぞれの銀河の中にあった星やガスの一部がはぎ取られ、銀河の外側に分布するようになる。銀河の重力が十分強ければ、それらの星やガスはまた、元の銀河に戻っていくことができる。逆に重力が弱ければ、銀河から離れ、二度と元の銀河には戻らない。

銀河考古学

結局、銀河の過去を調べるには、ぶつかったときに銀河から外に放り出された星やガスの痕跡を探せばよいことになる。それが「銀河考古学」の一つの手法である。もう一つの手法は、銀河の中や外側にある星々の化学組成を調べることである。星は生まれたガス雲の情報を持ったまま生まれてくる。たとえば、炭素や酸素、鉄などをどのぐらい含んだガスから生まれたのかを調べることができる。これらの元素は、銀河の年齢とともに増えてくる。なぜなら、超新星爆発などで少しずつ銀河の中のガスに重い元素をまき散らしてくるからだ。したがって、星々の生まれた時代を推定することが可能になる。

図 3.46　アンドロメダ銀河と M33 の見かけの位置関係　(Digitized Sky Survey の画像から合成)

この「銀河考古学」の手法が有効に利用できる銀河は限られている。条件はただ一つ。私たちに近いことである。近ければ星を一つずつ分離して調べることができる。そのため、天の川銀河や天の川銀河に近い銀河だけが研究の対象になる。

パンダス計画

カナダのヘルツバーグ研究所のアラン・マコナッチのグループ（総勢29名）はアンドロメダ銀河とM33のグループに対して「銀河考古学」の手法で研究するプロジェクトを立ち上げた。さて、どの望遠鏡を使えばよいか？　アンドロメダ銀河やM33は近くにあるので、見かけの大きさが大きいことが問題になる。アンドロメダ銀河の見かけの大きさは3度なので、満月（0.5度）を6個

図 3.47　マウナケア山の山頂にある CFHT (Canada France Hawaii Telescope) のドーム (CFHT, 2003)

図 3.48　CFHT の口径 3.6 m の反射望遠鏡. ヨーク式とよばれる赤道儀を採用しているので，大きなスペースを必要としている．そのため，ドームはすばる望遠鏡のドームぐらいの大きさがある．一度入ったことがあるが，体育館のような雰囲気だった．(CFHT)

並べた広がりを持っている。広角のカメラがなければ、とても観測はできない。

そこで、彼らが目につけたのはカナダ・フランス・ハワイ望遠鏡（ＣＦＨＴ）だった。ハワイ島のマウナケア山の山頂に設置されている口径3.6メートルの反射望遠鏡である（図３・47および図３・48）。

ＣＦＨＴは口径3.6メートルの反射望遠鏡の主焦点部に設置するメガカムとよばれる広視野カメラを作成した（図３・45）。２０４８×４６１２画素（ピクセル）のＣＣＤカメラを36枚並べ、一度の観測で1平方度の視野を観測できる（図３・50）。月の見かけの大きさが0.5度なので、月４個分（２×２）の広さに相当する。マコナッチたちは、このメガカムを使うことにしたのである。[15]

図 3.49　CFHT のメガカム
（CFHT, 2003）

彼らのプロジェクトの名前はThe Panoramic Andromeda Archaeological Survey である。これを略して PAndAS（パンダス）という。

この名前の中にArchaeologicalという言葉があるが、これが「銀河考古学」の考古学archaeology（アーケオロジー）の形容詞形である。

パンダスのチームは２００８年から３年の歳月をかけて観測を行った。ＣＦＨＴメガカムの観測できる視野は広いが、アンドロメダ銀河とＭ33を含む天域を観測しようとすると大変だ。図３・51を見てほしい。赤い色の小さな枠がメガカムのワンショットで観測できる広さである。赤い枠がたくさん並んでいる。いかにたくさんの観測をしなければならないことがわかるだろう。

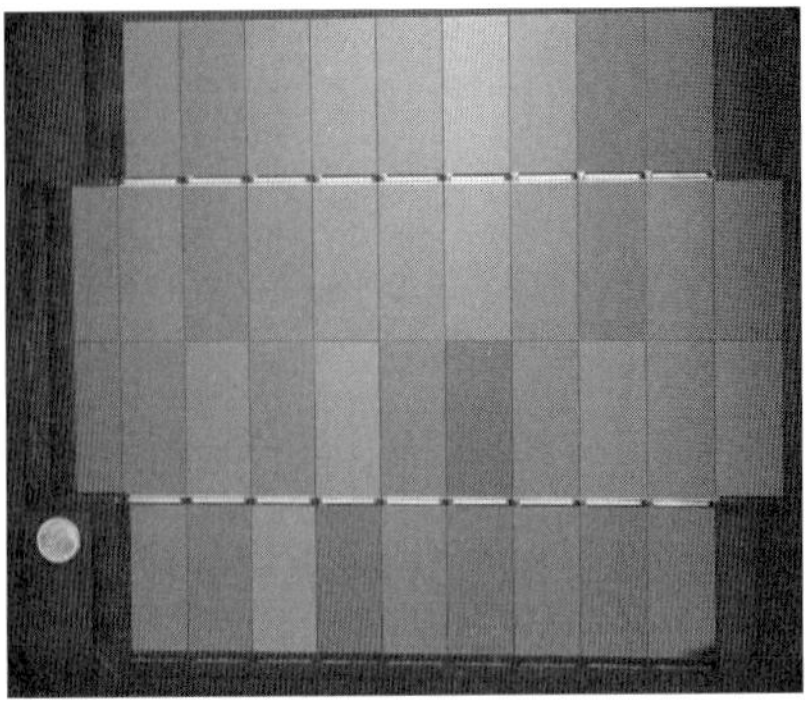

図 3.50　CFHT メガカムに使用されている CCD. 左右にはみ出た 4 枚の CCD チップは測光用.（CFHT, 2003）

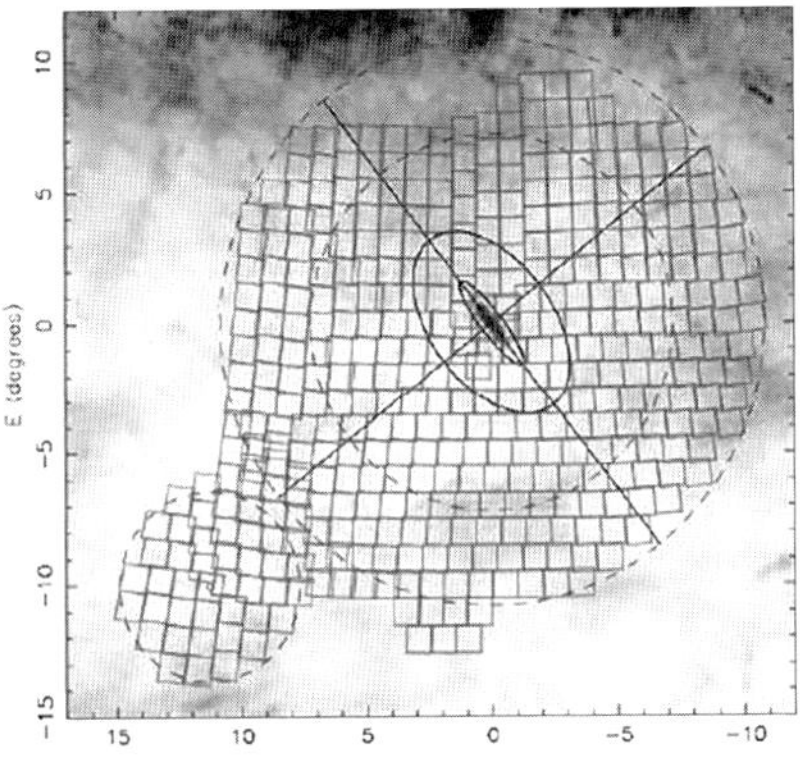

図 3.51　パンダス計画で観測した天域. 中央右寄りにアンドロメダ銀河が小さく見える．左下の丸い観測領域は M 33 を取り囲む天域.（CFHT）

実際、総観測時間はなんと220時間にも及んだ。一晩あたり5時間観測できたとして、44晩が必要である。いやはや、大変なプロジェクトである。

パンダス計画では可視光帯で約25等星まで観測している。それまで行われてきた大規模なサーベイ観測であるスローン・デジタル・スカイ・サーベイに比べて、約2等級も暗い天体を検出できる。そのため、いままで見過ごされていた、暗い星々が形づくる淡い構造を観測できるようになったのである。その結果、見えてきた構造を図3・52に示した。

この図を見てどう思われるだろうか？

アンドロメダ銀河はどこにあるの？

そういいたくなるのではないだろうか？　SDSSの画像（図3・5）にも驚いたが、その比ではない。アンドロメダ銀河を取り囲む、淡い構造が想像以上に広がっていることがわかったのだ。

そして、もう一つ驚くことがある。端正な姿をしていた渦巻銀河であるM33にも、淡い不思議

15　CFHTのメガカムは素晴らしい広視野カメラである。しかし、現在の大望遠鏡で稼働している広視野カメラのトップを走るのは、すばる望遠鏡のハイパー・シュプリーム・カムである（コラム3）。

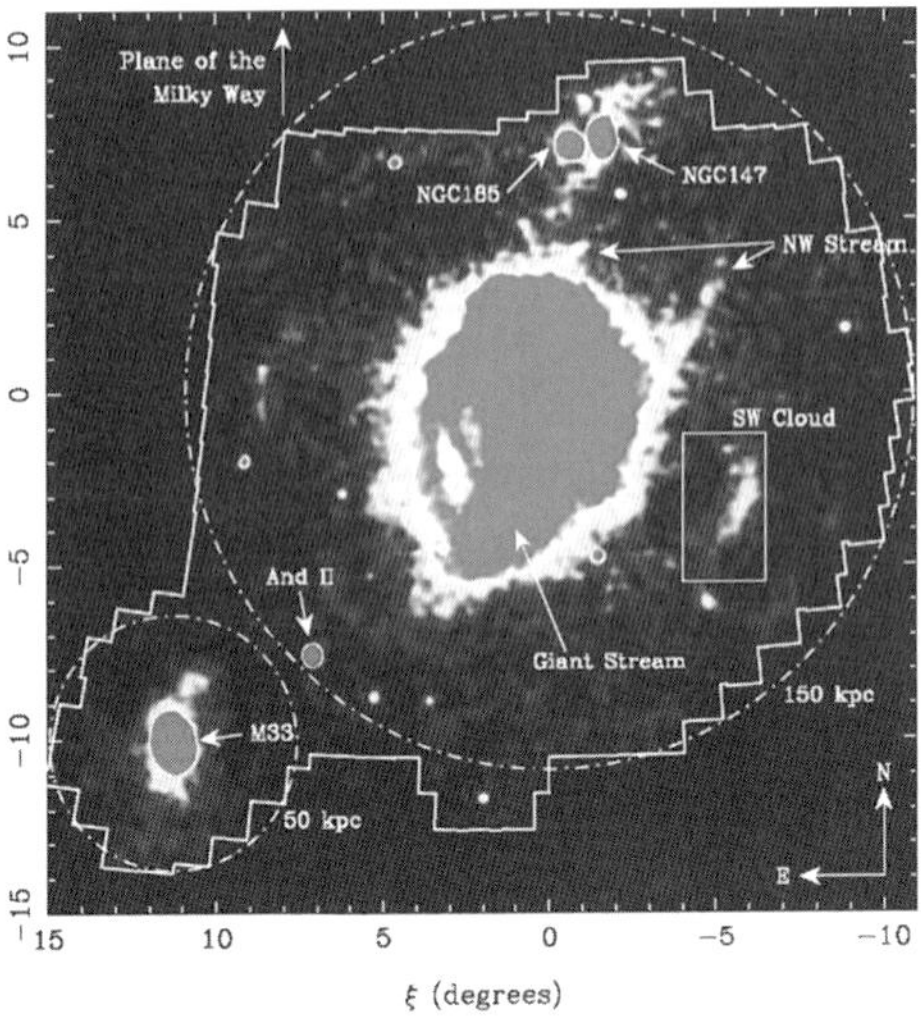

図 3.52　パンダス計画で得られた可視光画像. 中央の赤い色の部分がアンドロメダ銀河で，左下に見える赤い色の部分にM 33 がある．淡い部分がよく見えるように調整されているので，アンドロメダ銀河とM 33 の見慣れた姿は隠されている．アンドロメダ銀河の南側に伸びている構造（図中の Giant stream と示されているもの）はアンドロメダの涙（アンドロメダ・ストリーム）である．（口絵参照，CFHT）

な構造があることだ。このような構造があることは、いままで知られていなかった。

M33に何があったのか？

この疑問に答えることこそが「銀河考古学」の醍醐味《だいごみ》になる。

M33との遭遇

図３・44のM33の姿を見ると、外側に広がる構造が二つある。

北側に伸びる構造
南側に伸びる構造

対称的ではないが、二つの構造が反対向きに出ていることがわかる。

　このような構造は、銀河の相互作用で形成される。つまり、M33は過去にアンドロメダ銀河と遭遇し、その結果、非対称的な淡い二つの構造ができたと考えることができる。この段階では、まだこれは一つの作業仮説でしかない。

　作業仮説ができたら、検証してみることだ。パンダス計画の強みは、メンバーにコンピュータ・シミュレーションをする研究者も入っていることである。彼らはさっそく、アンドロメダ銀

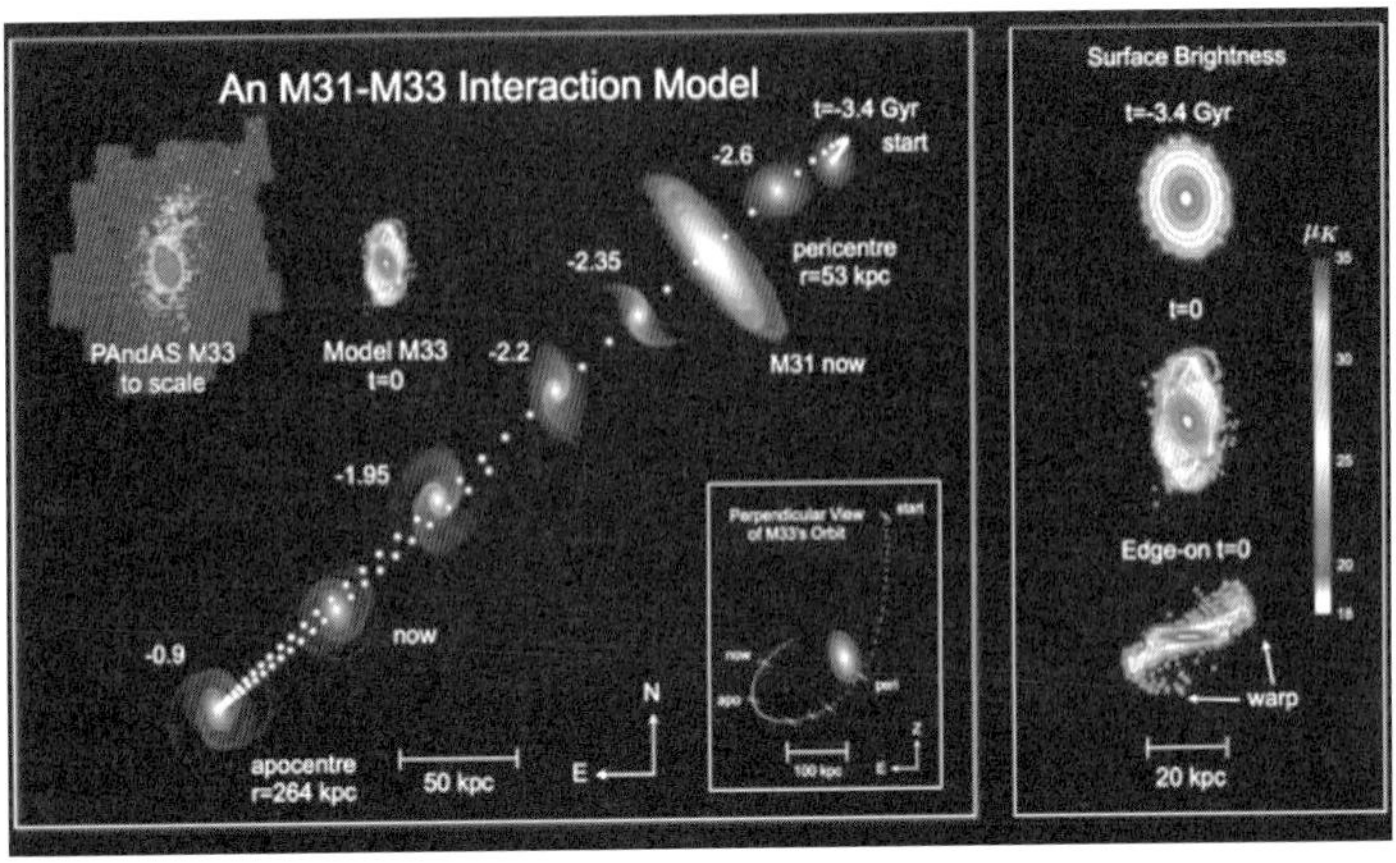

図 3.53　パンダス計画によって明らかにされたアンドロメダ銀河と M33 の遭遇の様子（左）．彼らのシミュレーションでは 34 億年前からスタートする．M33 はアンドロメダ銀河の周りを大きく周回しながら現在の位置まで移動してきている（軌道運動の様子は右下のインセットに示されている）．右のパネルには M33 の表面輝度分布が示されている．上は 34 億年前の姿で，きれいな円盤銀河であることがわかる．下の 2 枚は現在の M33 の姿であり，アンドロメダ銀河の潮汐力によって形が歪んでいる．一番下の図は M33 を真横から見たもので，円盤が大きく歪んでいる様子がわかる．このような円盤の歪みは M104 のところで説明したウォープ（warp）構造だが，成因は銀河の合体ではなく，M33 の場合は M31 との相互作用で及ぼされた潮汐力の効果で生じたものだ．（CFHT）

河とM33が、過去にどのような遭遇をすれば、いま観測されている構造を説明できるか調べてみた。

その結果が図3・53だ。彼らのシミュレーションは、いまから34億年前をスタート地点とした（図中の右上：Gyrは10億年）。その後、M33はアンドロメダ銀河に近づいていく。互いの重力によって引き合うためである。26億年前、M33はアンドロメダ銀河に最接近した。その距離は約160万光年。正面衝突ではなく、そばを通り過ぎただけである。9億年前には最もアンドロメダ銀河から遠ざかり、700万光年ぐらい離れた場所まで移動する。その後、互いの重力で、また近づき始める。現在は、その途上にいることになる。このような軌道を通って遭遇したとすると、M33の北と南に伸びる非対称な二つの構造が見事に説明できるのだ。

こうしてパンダス計画のおかげで、M33とアンドロメダ銀河のランデブーが明らかになった。一見すると二つの銀河は孤立している渦巻銀河のように見えたが、じつはすでに相互作用していたのである。

アンドロメダ銀河の歴史

ここまで見てきてわかっただろう。アンドロメダ銀河は決して孤立した銀河ではなく、いままでに幾多の銀河と衝突し、合体してきたのである。

では、いままでに紹介してきたアンドロメダ銀河の歴史をまとめておくことにしよう。まずは数十億年に及ぶM33との遭遇劇である。まだ合体はしていないものの、それなりの影響をアンドロメダ銀河の構造に与えたことはパンダス計画の成果で知ることができた。それは、M33の質量がアンドロメダ銀河の10分の1程度もあるからだ。

一方、アンドロメダ銀河の涙（アンドロメダ・ストリーム）をつくった銀河との遭遇は約10億年前に起こった。その銀河の痕跡を見ることはできないので、おそらくM33に比べるともっと軽い渦巻銀河だったのだろう。楕円銀河の場合は、銀河を構成する星々の運動がランダムなので、アンドロメダの涙のような美しい構造はできないからだ。

そして、アンドロメダ銀河の衛星銀河M32の衝突である。M32の母体となる銀河は、現在よりも重かったはずだが、アンドロメダ銀河の周りを回るうちに、アンドロメダ銀河による潮汐力のおかげで、外側にある星々がはぎ取られ、いま見るように小さく軽い銀河になったのだろう。幸い、アンドロメダ銀河本体に比べると軽い銀河だったので、アンドロメダ銀河の円盤は壊れることはなかった。しかし、合体の度に円盤の形は乱され、現在のような姿になっているのである。

もちろん、これで最終形ではない。仮に他の銀河と合体しなくても、アンドロメダ銀河は自転しているので、少しずつ形を変えていく。また、新たな合体が起きれば、その形を大きく変えて行くだろう。銀河とはそんな運命にある存在なのだ。

ところで、M32は現在の位置に来るまでには、何回もアンドロメダ銀河の周りを回っていたはずである。したがって、少なくとも数十億年はアンドロメダ銀河の衛星銀河として存在してきた

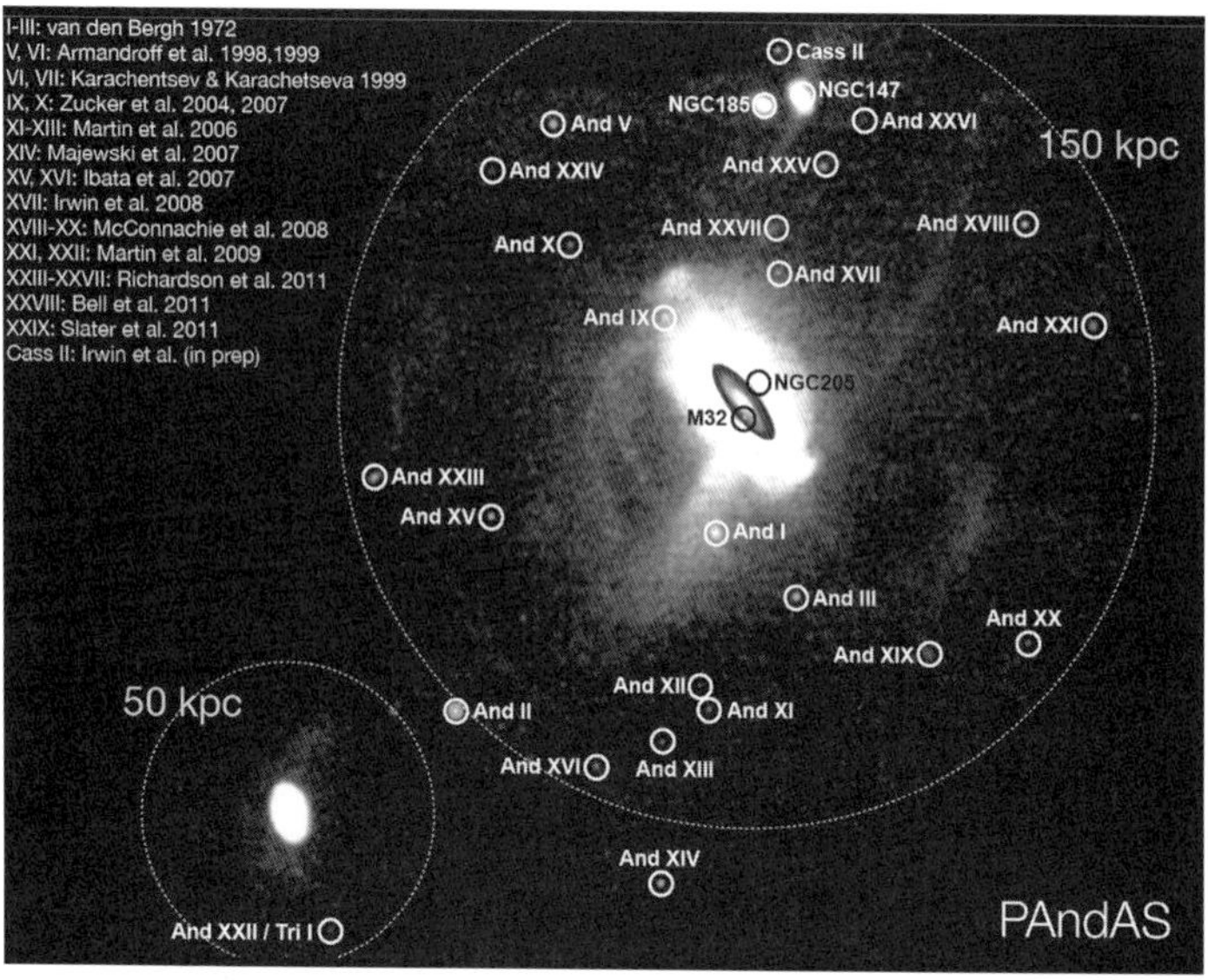

図 3.54　パンダス計画で確認されたアンドロメダ銀河の衛星銀河の分布

のだ。今回の衝突でアンドロメダ銀河の円盤にリング構造をつくったが、この後も何周かして、いずれアンドロメダ銀河の円盤に紛れていくだろう。それにも数十億年はかかる。銀河にかかわるタイムスケールは、かくも長い。

第2章で銀河のハッブル分類の話題が出たとき、銀河の分類はなかなか難しいと述べた。ある基準を設けて銀河のタイプを決めたとしても、十人十色ではないが、銀河はそれぞれ個性的で、系統的に銀河の形を議論することができない。この原因は「銀河は孤立系ではない」ということである。

アンドロメダ銀河には、すぐ近くに二つの衛星銀河M32とM110がある(図3・1)。しかし、もっとたくさんあるのだ。図3・54にパンダス計画で確認されたアンドロメダ銀河の衛星銀河の分布を示す。なんと、20個以上もあるのだ。

これらの衛星銀河は数十億年後にはアンドロメダ銀河に合体して消えていく運命にある。しかし、ここで注意すべきは、アンドロメダ銀河はすでにいくつかの衛星銀河との合体を経験していることだ。衛星銀河が合体すると、銀河本体の形を変えてしまう。しかも、それは時とともに変化して行く。私たちはそういうさまざまな状態の銀河を見て、形態を決めている。それが系統的な形態分類を難しくしている要因なのだ。

ところで、アンドロメダ銀河の円盤にもウォープ構造が見えていることに気づいていただろうか？　図3・1と図3・5を見て確認しておいてほしい。M32の合体だけではないかもしれないが、過去に起きた小さな銀河の合体の証拠だと考えてよいだろう。

コラム3　史上最強の超広視野カメラHSC

国立天文台が米国・ハワイ州ハワイ島のマウナケア山頂で運用している口径8.2メートルのすばる望遠鏡には広視野の観測ができる主焦点にカメラを装着できる。初代の主焦点カメラであるシュプリーム・カムは約0.5度四方を視野であったが、現在使用されているハイパー・シュプリーム・カム（HSC）は

図C3.1　口径8.2 mのすばる望遠鏡（左上），ハイパー・シュプリーム・カム（HSC：高さ3 m，重さ3トン）を装着した主焦点ユニット（右上）． HSCで撮影したアンドロメダ銀河（下）．（国立天文台）

その約7倍の視野（1.5平方度）を誇る。そのため、アンドロメダ銀河をワンショットで撮影することができる（図C3・1）。

口径8メートル級の大望遠鏡でこのような広視野カメラを有しているのは、すばる望遠鏡だけである。現在、大規模な深宇宙探査が行われてきており、大きな成果がどんどん出てきている（HSCプロジェクトのURL：https://www.naoj.org/Projects/HSC/j_HSCProject.html）

第4章

アンドロメダ銀河の行方

37.5 億年後の夜空に見えるアンドロメダ銀河の姿　（NASA/ESA/STScI）

4-1 隣人としての天の川銀河

アンドロメダ銀河の行方

「アンドロメダ銀河ははたして渦巻銀河なのか？」

前章では、この問いについて考えてみた。円盤銀河であることは間違いないが、アンドロメダ銀河は美しい渦巻を持つ銀河ではない。衛星銀河M32の衝突で、不思議なリング銀河になっている可能性が高いことがわかってきた。しかも、M32の前駆体は比較的大きな円盤銀河で、アンドロメダ銀河による潮汐力の影響で星々がはぎ取られ、現在のような小さな銀河になったのだ。しかも、アンドロメダ銀河に衝突する際に、アンドロメダの涙（図3・21）という美しい構造までつくった。

私たちのよき隣人であるアンドロメダ銀河も、さまざまな衛星銀河と合体してきた長い歴史がある。このあとも、アンドロメダ銀河の周りにある多数の衛星銀河がぶつかってきて、その度にアンドロメダ銀河は形を変えながら進化していくのだろう。

しかし、予想されることはそれだけではない。数十億年後には、アンドロメダ銀河と天の川銀河の大衝突が待っているのだ。互いに10万光年もある巨大な銀河同士の合体である。リング銀河どころの騒ぎではない。いったい、どんな進化が待っているのだろうか。

図4.1　オーストラリアで撮影された天の川. 地平線からそそり立つようだ. 天の川の左側には大小マゼラン雲も見えている. 中央を横切る光跡は小惑星イトカワから帰還した「はやぶさ」が燃え尽きる姿. (提供：大西浩次)

それを紹介する前に、私たちの住んでいる天の川銀河について簡単に説明しておくことにしよう。

天の川銀河、再び

夏の夜空に、天の川を見たことがある人は多いだろう。淡い白い雲が夜空を流れているように見える。まさに天に浮かぶ川のようだ(図4・1)。

では、天の川銀河はどんな姿をした銀河なのだろう。天の川銀河の全貌を調べるのは、たやすいことではない。なぜなら、私たちは天の川銀河の中に住んでいるからである。

太陽系は銀河の円盤部にあり、天の川銀河の中心から2万6000光年も離れた所にある。そのため、円盤の中

図 4.2　可視光で見た天の川銀河のマップ（図 1.1 を再掲）
（ESA/Gaia/DPAC）

の比較的外側から、天の川銀河を真横から眺めているのだ。

天の川銀河の円盤部には星々がたくさんある。その円盤を横から眺めているので、星々は川のように見えている。より正しくは、帯状に見えているということである。

まずは、天の川の様子を全天にわたって眺めてみよう。天体の位置測定衛星ＧＡＩＡが見た天の川銀河の全貌を図４・２に示した。天の川銀河の中心は、いて座の方向にあり、その方向で明るくなっている。図４・２では天の川銀河の中心が図の中心になるように図示されている。

中心部がある程度のスケールで広がって見えているが、これはバルジである。一方、横に全体的に広がっている薄い構造は円盤部である。太陽系はこの円盤部の比較的外側にあることがわかっている。

図4.3　2ミクロン・スカイ・サーベイ（2MASS）で撮影された天の川銀河の近赤外線画像（波長は1～2μm）．右下に見えるのが大小マゼラン雲．（2MASS/UMass/IPAC-Caltech/NASA/NSF）

赤外線で見る天の川銀河

次に近赤外線（ここでは波長2マイクロメートル）で見た天の川を見てみよう（図4・3）。可視光より波長の数倍長い近赤外線では、ダストによる光の吸収や散乱の影響が少ないので、天の川銀河の円盤が美しく見えている。また、中心部にあるバルジとよばれる膨らみもきれいだ。私たちはこんなに見事な銀河に住んでいるのだ。

天の川銀河の円盤に渦巻があるか確認したいところだが、図4・2や図4・3を眺めても、それはできない。わかるのは、円盤とバルジがあることだけだ。

渦巻を見るには、天の川銀河を上から眺める必要がある。しかし、私たちは天の川銀河の外、はるか遠くに出て、天の川銀河を眺めることはできない。天の川銀河に住んでいるのに天の川銀河の全体像が見えない。なんとも歯がゆいことだが、こればかりは致し方ない。

真上から見た天の川銀河

では、私たちは天の川銀河の本当の姿を理解することはできないのだろうか？　確かに、自分たちの眼で、天の川銀河の姿を直接眺めることはできない。しかし、私たちは天の川銀河の中の天体の運動を調べることができる。頭は使いようである。天体の運動の様子を再現できる天の川銀河の形を探ればよいのだ。間接的な方法だが、天体の運動の様子を精密に観測すると、かなりのことがわかる。

では、どのような天体の運動を調べればよいか？　すぐに思い浮かぶのは星である。天の川銀河には2000億個もの星々がある。ところが、星は使えない。いままで何度となく説明してきたように、天の川銀河の円盤部にはガスやダストがたくさんあり、背景の星の光を吸収して見えにくくしているためである。

天の川銀河の大きさは10万光年ほどあるが、私たちが肉眼で見る星々の大半は1000光年以内に位置している。大きな望遠鏡を使ってみても、1万光年以内の星しか見えない。天の川銀河の姿を見るには、当然のことながら、天の川銀河の中心の向こう側も見る必要がある。要するに、10万光年に広がっている天の川銀河全体を俯瞰しなければならないということだ。

星がだめなら、ガスを使うしかない。天の川銀河の円盤部にはアンドロメダ銀河のように水素原子ガスや分子ガスがたくさんある。幸いなことに、これらのガスからの情報は電波の波長帯で観測される。電波はダストによる吸収の影響をほとんど受けないので、天の川銀河の円盤全体について調べることが可能になる。

そこで次のような方法を使うと、天の川銀河の姿が浮かび上がってくる。

- ガスの運動を天の川銀河全体にわたって、くまなく調べる
- 天の川銀河の円盤の理論モデルをつくる
- 理論モデルからガスの運動を予測する
- 観測された運動を最もよく再現するモデルを探す
- そのモデルが天の川銀河の姿になる

図 4.4　天の川銀河を真上から見た予想図.
二重丸は太陽系の位置.（提供：馬場淳一）

棒渦巻銀河だった

このようにして得られた最良のモデルが図４・４である。これが天の川銀河の円盤部の構造だと思ってよい。

確かに渦巻が見える。ただ、Ｍ51やＭ81のようなきれいな２本の渦巻ではなく、どちらかといえばＭ63（図２・15一番右）に似た渦巻構造になっている。もう一つわかるのは、天の川銀河は棒渦巻銀河だということだ。

4-2 一連托生

マゼラン雲流

アンドロメダ銀河には、衛星銀河が合体してできた「アンドロメダ・ストリーム」という構造があった。天の川銀河にはこのような構造はあるのだろうか？

まだ合体はしていないが、大マゼラン雲と小マゼラン雲は長大なストリーム構造をつくり出している。それは「マゼラン雲流（マゼラン・ストリーム）」とよばれているものだ。図４・５に大小マゼラン雲からたなびく長大な水素原子ガスの流れがくっきりと見えている。

この流れは大小マゼラン雲に含まれていた水素原子ガスが天の川銀河の潮汐力によって引き出

図 4.5　マゼラン雲流. 図 4.2 の近赤外線画像とも比較してみてほしい.
(Nidever, *et al.*, NRAO/AUI/NSF, Parkes Observatory, Westerbork Observatory, Arecibo Observatory)

されたものだと考えられていた時期があった。しかし、実際には、小マゼラン雲の水素原子ガスが大マゼラン雲の潮汐力によって引き出されていることがわかってきた。

このマゼラン雲流は天の川銀河を半周するぐらいの距離に及んでいるように見える。しかし、これはごく一部で、長さはざっと100万光年もあることがわかっている。

スター・ストリーム

では、天の川銀河で見つかっているストリーム構造はマゼラン雲流（マゼラン・ストリーム）だけかというと、そうではない。その他にも「いて座ストリーム」とよばれる構造も見つかっている。このストリームは、じつは図4・2に見えている。天の川銀河のバルジの左端から、図の下方向に淡い構造が見えている。これが「いて座ストリーム」である。この図では非常に淡い構造に見えているだけだが、じつはかなり大きな構造である（図4・6）。天の川銀河を取り囲むように分布しており、その大きさは

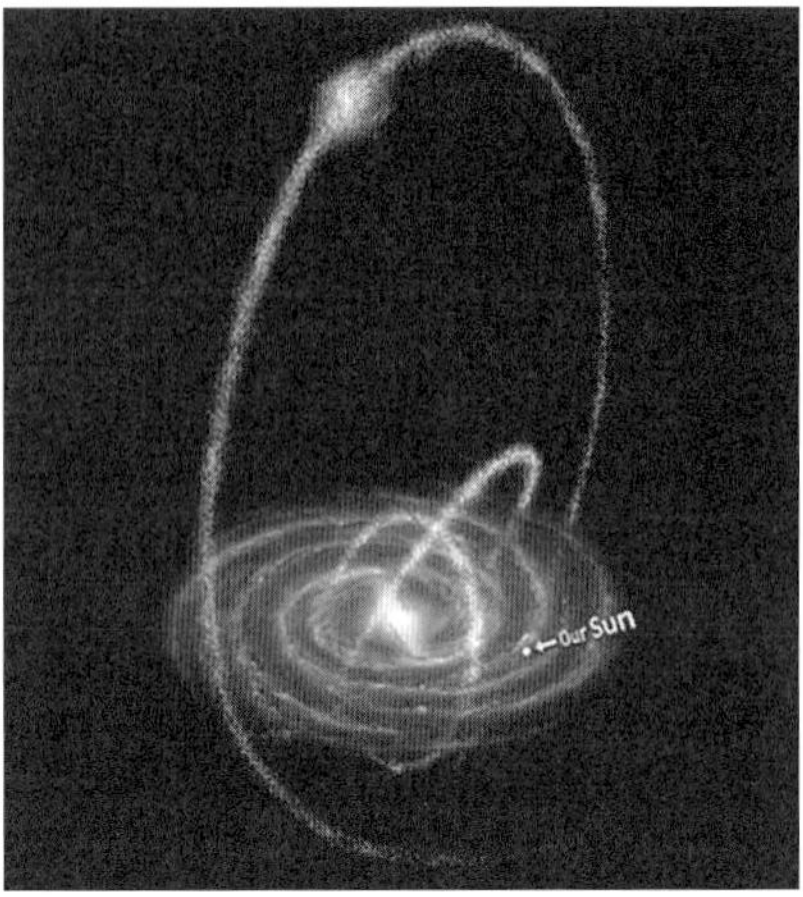

図 4.6 いて座ストリームの想像図. 衝突してきた衛星銀河の本体は図の上に丸く見えている. 衛星銀河の比較的外縁部にあった星々は天の川銀河の潮汐力で二つの方向に引き伸ばされ, 複雑なストリーム構造をつくっている. (NASA/JPL/Caltech)

100万光年にも及んでいる。

その他にもどんどんストリーム構造が見つかってきている。SDSSによる大規模な掃天観測でたくさんのストリーム構造が発見されるようになってきたのである。これらはまとめて「スター・ストリーム」とよばれるようになった。

これらの構造は衛星銀河が落ち込んでできるものだ。天の川銀河にもすでに10個ぐらいの衛星銀河が落ち込んできたと考えなければ、これらのストリーム構造の起源を説明できない。

結局、アンドロメダ銀河で起きていることは、天の川銀河でも起きているということだ。衛星銀河の合体は、巨大銀河の宿命のようなものである。銀河に例外はない。

4-3 そして、二つの大銀河は

アンドロメダ銀河と天の川銀河。それぞれ約10万光年の大きさの巨大な銀河である。それぞれ周辺にあった衛星銀河を飲み込み、成長してきた歴史を持っている。100億年を超える長い、長い歴史だ。そして、現在でも本体に合体してくる前の衛星銀河を従えている。

これらの大銀河が進化してきた様子を図4・7に示す。小さな塊（現在の銀河の100分の1から1000分の1程度のサイズ）で星が生まれ始め、周辺にあった塊同士がどんどん合体して成長する。現在観測される大銀河はこのようにして、100億年以上の期間を経て育ってきたのである。

銀河の黒幕、ダークマター

図4・7左上に「ダークマターの重力でバリオンが集められ」と書いてある。ここで、まずバリオンとは陽子や中性子などの普通の物質である。しかし、ダークマター（暗黒物質）は普通の物質とは異なり、正体不明の素粒子だと考えられている。

私たちの住むこの宇宙はかなり奇妙である。宇宙の成分表を見てみるとわかるが（図4・8）、普通の物質（原子）は宇宙全体の質量密度の5％を占めているだけである。残り95％は正体不

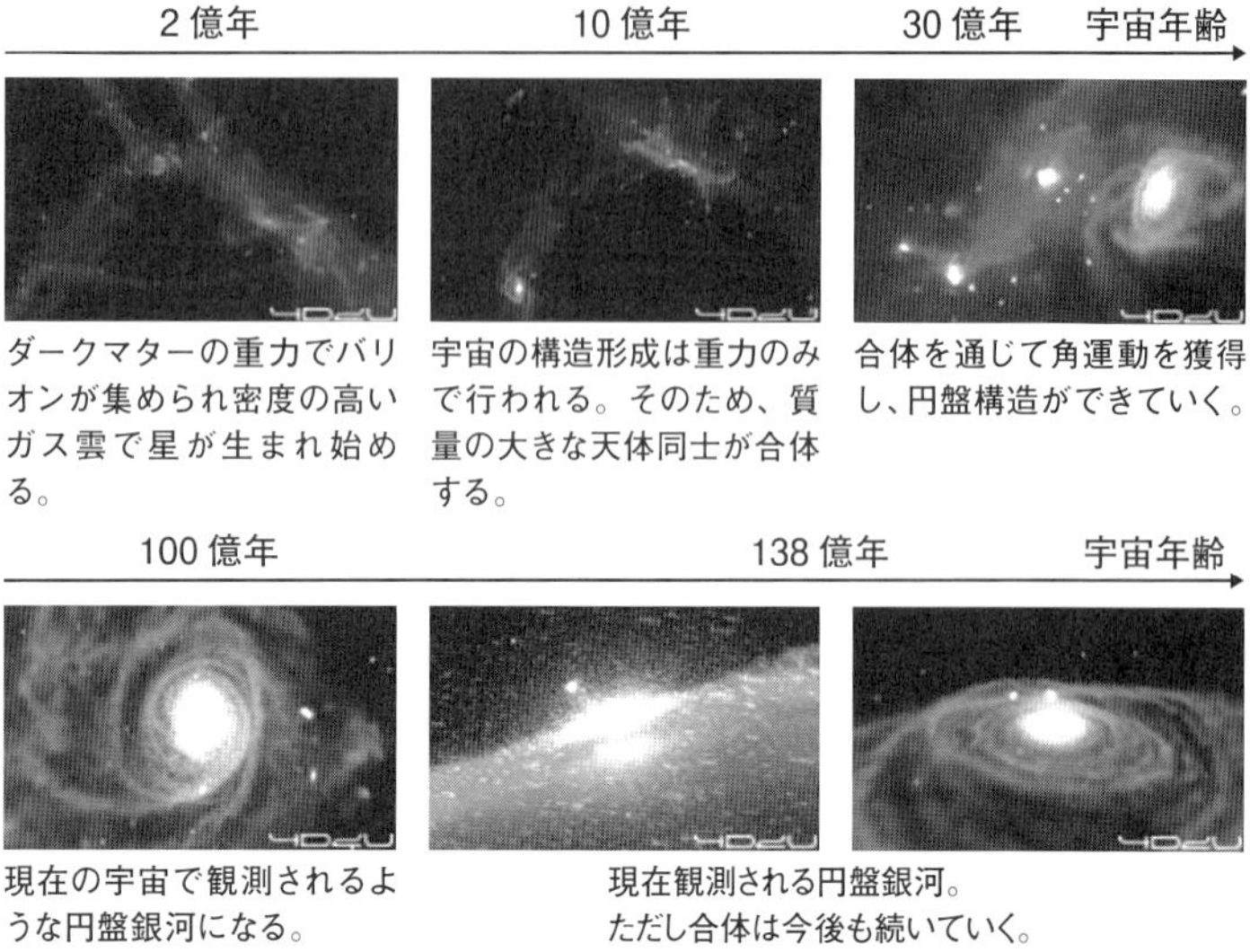

2億年
10億年
30億年
宇宙年齢
ダークマターの重力でバリオンが集められ密度の高いガス雲で星が生まれ始める。
宇宙の構造形成は重力のみで行われる。そのため、質量の大きな天体同士が合体する。
合体を通じて角運動を獲得し、円盤構造ができていく。
100億年
138億年
宇宙年齢
現在の宇宙で観測されるような円盤銀河になる。
現在観測される円盤銀河。
ただし合体は今後も続いていく。

図 4.7　渦巻銀河のような円盤銀河が育つ様子

（渦巻銀河の形成 ver. 3　可視化：武田隆顕・額谷宙彦　シュミレーション：斎藤貴之　国立天文台4次元デジタル宇宙プロジェクト）

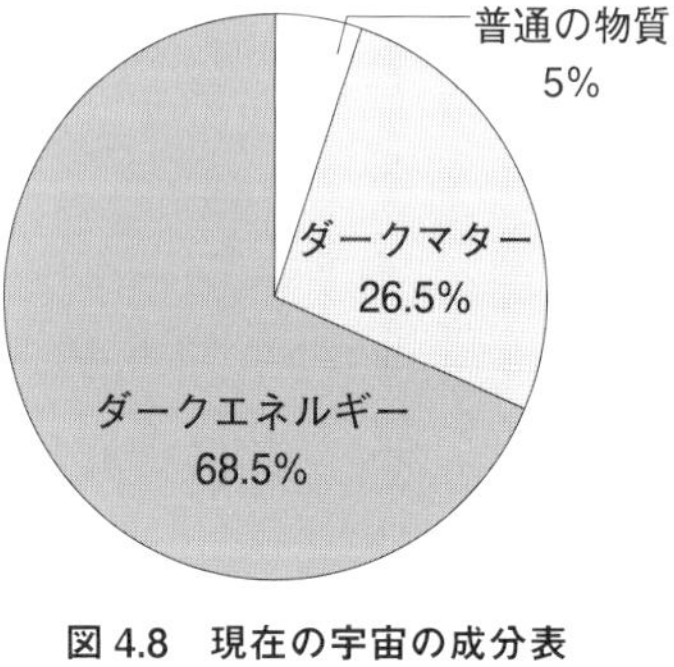

普通の物質
5%
ダークマター
26.5%
ダークエネルギー
68.5%

図 4.8　現在の宇宙の成分表

明のダークマターとダークエネルギーに支配されているのだ。

銀河のような構造をつくるのは物質だが、ダークマターの質量密度のほうが普通の物質の数倍はある。そのため、銀河をつくるガス（普通の物質）を集める役割を果たすのは、じつはダークマターのほうなのである。つまり、最初に生まれる銀河の種となるガス雲も、ダークマターに取り囲まれて育まれるのである。

ダークエネルギーはまったく正体不明であるが、宇宙の膨張速度を加速させているだけで、銀河などの構造形成には関与していない。

マージャー・ツリー

結局、銀河の誕生と進化は次のようになる。

宇宙年齢が2億歳の頃、ダークマターの塊（ダークマター・ハロー）の中に集められたガス雲で星が生まれ始める

それらが次々と合体し、次第に成長して行く

138億歳の現在、それらの中には大銀河に成長したものがアンドロメダ銀河や天の川銀河として観測される

つまるところ、合体の歴史なのだ。実際、このような進化が起こることがコンピュータ・シミュ

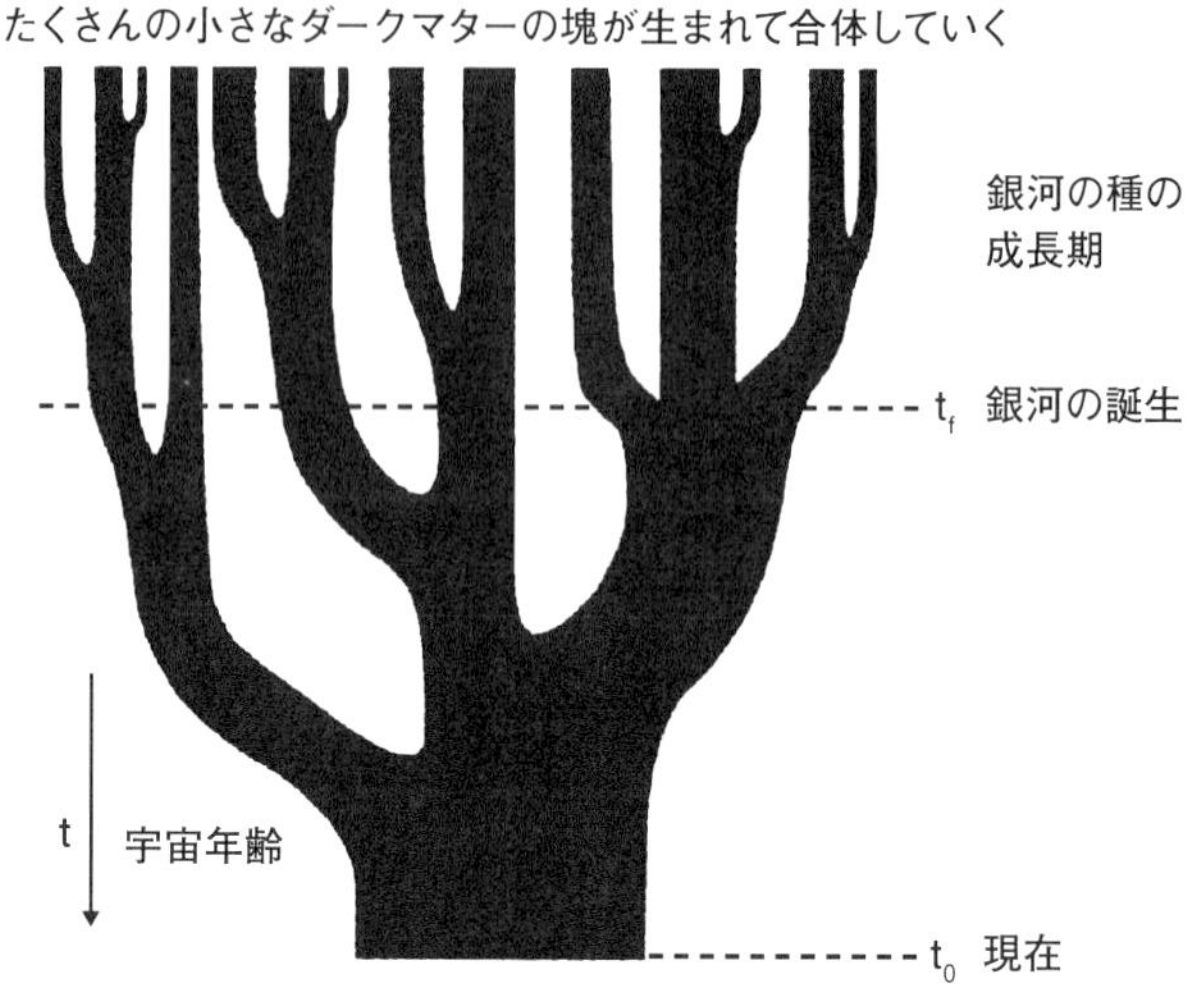

図 4.9 ダークマター・ハローの合体にうながされて，銀河が成長する様子. この図は，一見すると「木」のように見えるので，マージャー・ツリーとよばれる．（Lacey & Cole 1993, MNRAS, 262, 627 より改変）

レーションで調べられている（図4・9）。

第2章では生命（動物や植物）の進化は多様であるという話をした。つまり、生命はどんどん多様化してきた歴史を持つ。ところが、銀河の進化とは逆過程である。宇宙の構造形成を決めている力はただ一つ。重力である。そのため、宇宙の進化は生命とは違い、極めて単純だ。次々に合体して巨大化するだけなのである。

アンドロメダ銀河と天の川銀河の宿命

さて、アンドロメダ銀河と天の川銀河の二つの銀河の今後の運命はどうなるのだろう。

天の川銀河もアンドロメダ銀河も大

きさはざっと10万光年もあるが（アンドロメダ銀河のほうがやや大きく、14万光年）、互いの距離は250万光年である。これはすでに述べてきたことだが、ここで少し考えてみよう。

もし、それぞれの銀河の大きさが1メートルだとすれば、互いの距離は25メートルしか離れていない計算になる。[16] 天の川銀河とアンドロメダ銀河は結構近くにあるのだ。そのため、二つの銀河はすでに互いの重力圏内に入っているのだ。

実際、アンドロメダ銀河は秒速300キロメートルで天の川銀河に近づいてきている。この速度は視線方向の速度である。実際の運動速度は視線と直角な方向の速度（接線速度とよばれる）を考慮したものになる。最近、この接線速度がハッブル宇宙望遠鏡の観測で測定された。これで、アンドロメダ銀河の三次元空間における運動速度が明らかになった。そのデータを元に、コンピュータ・シミュレーションしてみた結果、二つの銀河は約40億年後に最初の衝突を起こすことがわかったのである（図4・10）。

16　この考察はあとがきで紹介する作家・評論家の埴谷雄高が『薄明の中の思想―宇宙論的人間論』「宇宙について」（筑摩書房、1978年）のなかで指摘している。埴谷は天の川銀河とアンドロメダ銀河は、まるで双子星雲のようだと述べている。

ミルコメダまで

その20億年後、つまりいまから約60億年後には一つの巨大な楕円銀河になってしまう。気の早い人がいて、この合体銀河に「ミルコメダ」という名前をつけている。これは天の川銀河の英語名ミルキーウェイとアンドロメダを合わせたものだ。

図 4.10　天の川銀河とアンドロメダ銀河の合体． 現在（一列目左），20 億年後（一列目右），37.5 億年後（二列目左），38.5 億年後（二列目右），39 億年後（三列目左），40 億年後（三列目右），50 億年後（四列目左），70 億年後（四列目右）．

（口絵参照，NASA/ESA/STScI）

そうよぶかどうかは別として、夜空にはアンドロメダ銀河も天の川も見えず、ただ茫漠《ぼうばく》とした光芒が広がっているだけになるだろう。いまのうちに二つの銀河を眺めておいたほうがよい。

この合体には、アンドロメダ銀河と天の川銀河の周りにある衛星銀河も参加を余儀なくされる。大小マゼラン雲は天の川銀河から逃げようとしているのかもしれないが、しばらくするとアンドロメダ銀河の重力の影響を受けるようになる。未来予想図では、大小マゼラン雲も運命をともにすることになるだろう。さんかく座に見えるM33もだ。

こうして、近傍の宇宙から、眺めることができる銀河はどんどん消えていく。寂しい宇宙に向かって時は流れていくのだ。

4-4　1000億年後の世界

群れる銀河

前節で見たように、天の川銀河には約10個ものスター・ストリーム構造があり、過去に何回も矮小銀河を飲み込んできた。大小マゼラン雲は通りすがりの銀河である可能性もあるが、そうでない場合は、数十億年後には天の川銀河に落ちてくるだろう。

いったいどうしてこんな合体が頻繁に起きるのだろうか？

その理由は

銀河は孤立した存在ではない

ということだ。

局所銀河群

天の川銀河はアンドロメダ銀河とともに、局所銀河群をつくっている（図4・11）。そこでは、半径数百万光年ぐらいの領域に約40個もの銀河が存在している。

銀河も群れて存在しているほうが安心なようで、約1億光年以内の宇宙を調べると、そこに含まれる銀河の70％は銀河群に含まれていることがわかっている。つまり、銀河群というのは宇宙の中で基本的なユニットになっているのだ。

銀河群の運命

銀河群には局所銀河群のように数百万光年スケールに広がっているものもあれば、銀河がひしめき合っているようなコンパクト銀河群とよばれるものもある。図4・12に示したのはセイファートの六つ子とよばれるコンパクト銀河群である。1951年、米国のカール・セイファー

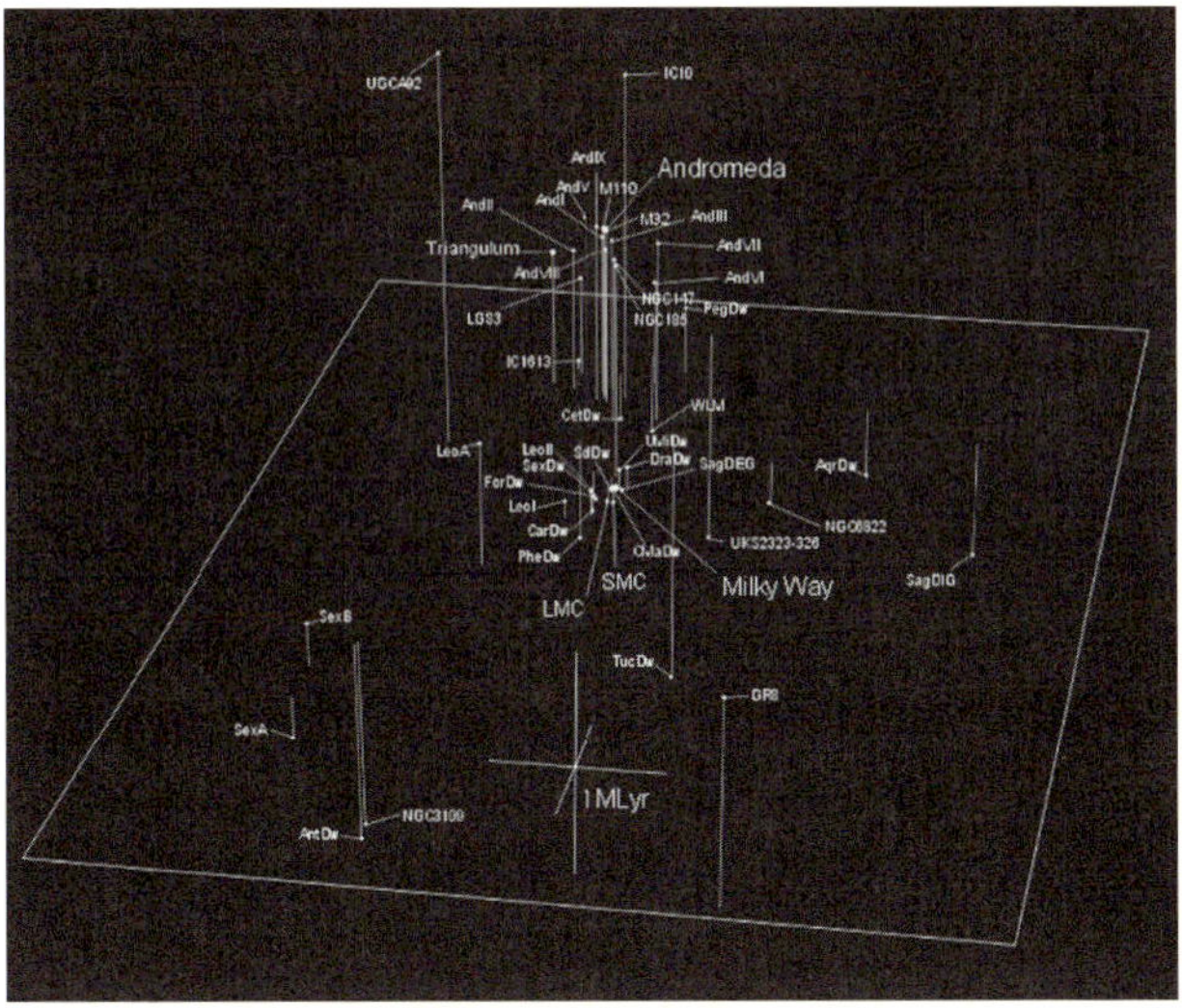

図 4.11　局所銀河群における銀河の分布． 中心に天の川銀河（Milky Way）があり，上のほうにアンドロメダ銀河（Andromeda）がある．図の下部にスケールが示されているが，1MLyr=100 万光年である．

ト（1911–60）が発見したものだ。へび座の方向にあり、距離は約1億9000万光年。

このようなコンパクト銀河群は約10億年で合体して一つの銀河になっていくと考えられている。最後にでき上がった銀河の形態は円盤銀河ではない。楕円銀河である。つまり、銀河の合体は楕円銀河の誕生につながるということだ。

超巨大な楕円銀河へ

では、局所銀河群の運命は？　答えはコンパクト銀河群の運命と同じである。最終合体までにかかる時間は数百億年と長いが、いずれ一つの巨大楕円銀河に姿を変えていく。

図 4.12　コンパクト銀河群の代表例であるセイファートの六つ子
（NASA/U. Manitoba/PSU）

アンドロメダ銀河と天の川銀河が約60億年後には合体して一つになる

そのとき、二つの銀河の衛星銀河も飲み込まれる

さらに数十億年後にさんかく座のM33も合体する

そして、数百億年後には、局所銀河群の中にあるほとんどの銀河が合体して、一つの超巨大楕円銀河になる

つまり、図4・9に示したマージャー・ツリーはまだ完結していないのである。宇宙が続く限り、成長した大銀河同士がどんどん合体して、大銀河どころではない超大銀河へと進化し

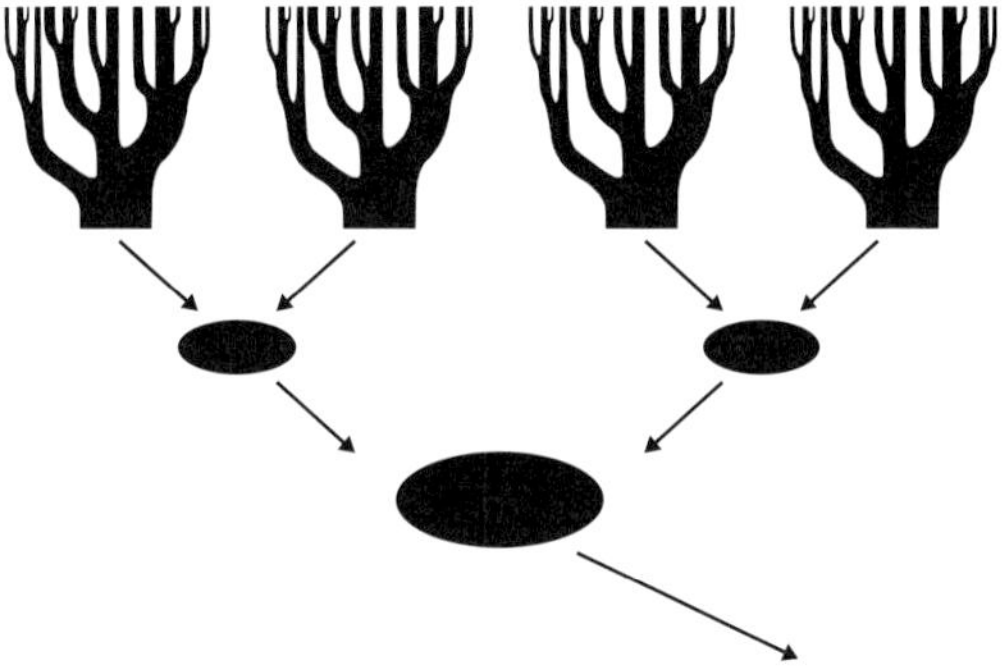

図 4.13　エンドレスで続くマージャー・ツリー

ていくのだ（図4・13）。

渦巻銀河が見えない時代が来る前に

まるで、一大叙事詩のような出来事だ。しかし、このような出来事は宇宙のあちこちで起こる。宇宙に特別な場所はないからである。

いまから1000億年も経てば、美しい渦巻銀河は宇宙から消え去っているだろう。巨大な楕円銀河がところどころにある、退屈な宇宙になっていくのである。しかも、約1000億年後には、自分たちの住んでいる銀河しか見えない時代に突入することが予想されている。隣の銀河の遠ざかる速度が、宇宙膨張の効果で光速を超えてしまうからだ。

退屈な未来が来る前に、双眼鏡や望遠鏡を持って、夜空を眺めに行こう。美しい銀河に彩られた宇宙を楽しめるのはいつか？　それはいまだけだ。

あとがき

アンドロメダ銀河の物語。お楽しみいただけただろうか。アンドロメダ銀河にうずまきがあるかどうかをメインテーマにして、アンドロメダ銀河の正体を探っていく物語だ。しかし、真の目的は銀河の進化の様子を理解していただくことにあった。その目論見は、はたしてうまくいっただろうか。著者としては心配になるところだ。

埴谷雄高《はにやゆたか》（1909–97）という作家がいた。作家というより、私の世代の人には評論家という感じだろうか。埴谷は子どもの頃から身体が弱く、実際、結核で何回も入院をしている。そのときの友達は当然のことながら本になる。彼曰く、最も楽しめたのは探偵小説と天文学に関する本だったという。その彼は次の言葉を残している。

天文学の書物を読むということは、ある意味では最終ページのない探偵小説を読むのと似ている。それは極めて広大な探偵小説で、しかも犯人はどこにいるのか、或《あ》いは果たして真犯人がいるかどうかについても最終のページに書かれないで伏せられているので解《わか》らない。

（『薄明の中の思想—宇宙論的人間論』「宇宙について」埴谷雄高、筑摩書房、1978年）

天文学者である私にとっては、きついお叱りのような言葉である。しかし、まさにその通りというしかない。そもそも、天文学などの科学では、重要な問題が解ける度に、それを上回る重要な問題が出て来る仕掛けになっている。科学の探求はその意味でエンドレスなのである。

ところで、埴谷の言葉に、私は彼との共通点を見つけた。じつは、私も探偵小説（推理小説）ファンなのだ。研究者の仕事は、実際のところ犯人探しである。ある興味深い自然現象があると、なぜそのような現象が起きるのか調べることになる。もちろん、ほとんどの場合、埴谷のいう通り真犯人を特定することは難しい。しかし、その難しさが研究者を鼓舞するのである。

ただ、たまには真犯人を特定したいものだ。アンドロメダの渦巻は本当にあるのか？　むしろリングではないのか？　じつはそれをつくったのは衛星銀河の合体だったのだ。そういうストレートな論理展開を本書では楽しんでみた。

銀河は美しい。渦巻もあれば、棒もある。しかも、銀河ごとにそれぞれ様子が違っている。銀河の形を系統的に理解したいのはやまやまだが、銀河はそれを許してくれない。なぜか。

その理由は、銀河は孤立系ではないことにある。隣の銀河と遭遇したり、あるいは自分の衛星銀河を飲み込んだりしながら育ってきているからだ。

だが、一度それを受け入れて考えれば、銀河の育ち方が見えてくる。いまは宇宙年齢が138億歳で、天の川銀河の周りには美しい銀河がたくさんある。しかし、それらの姿を楽しめるのはいまのうちであることもわかってきた。銀河は今後もどんどん周辺の銀河と合体を繰り返し、超巨大な楕円銀河に姿を変えていくのだ。いま、見えている美しい銀河はすべて消えていく。

1000億年後には隣に一つも銀河が見えない時代になっている。そのとき、私たちはこの宇宙を理解することができなくなっていることだろう。いまの時代に生きていたことに感謝して、アンドロメダ銀河の物語を終えることにしよう。

書棚にある埴谷雄高の著書の背表紙を眺めながら

2019年6月　仙台の自宅にて

谷口　義明

索　引

欧　数

あ　行

か　行

さ　行

た　行

な　行

は　行

ま　行

ら　行

わ　行

本書に登場する天体

本書に登場する天文学者・科学者・哲学者

アンドロメダ銀河のうずまき
銀河の形にみる宇宙の進化

令和元年 7月31日　発　行

著作者　谷　口　義　明

発行者　池　田　和　博

発行所　丸善出版株式会社
〒101-0051 東京都千代田区神田神保町二丁目17番
編集：電話(03)3512-3265／FAX(03)3512-3272
営業：電話(03)3512-3256／FAX(03)3512-3270
https://www.maruzen-publishing.co.jp

組版・イラスト　斉藤綾一
印刷　株式会社　日本制作センター／製本　株式会社　松岳社

ISBN 978-4-621-30407-5　C 1044　Printed in Japan